设施蔬菜
提质增效栽培技术

杨 叶 主编

西北农林科技大学出版社
·杨凌·

图书在版编目（CIP）数据

设施蔬菜提质增效栽培技术 / 杨叶主编.—杨凌：

西北农林科技大学出版社，2022.11

ISBN 978-7-5683-1184-7

Ⅰ.①设…　Ⅱ.①杨…　Ⅲ.①蔬菜园艺—设施农业

Ⅳ.①S626

中国版本图书馆CIP数据核字（2022）第230123号

设施蔬菜提质增效栽培技术

杨叶　主编

出版发行	西北农林科技大学出版社
地　　址	陕西杨凌杨武路3号　　　　**邮　编**：712100
电　　话	总编室：029-87093195　　发行部：029-87093302
电子邮箱	press0809@163.com
印　　刷	西安浩轩印务有限公司
版　　次	2022年11月第1版
印　　次	2022年11月第1次印刷
开　　本	787 mm×1092 mm　　1/16
插　　页	3
印　　张	11
字　　数	221千字

ISBN 978-7-5683-1184-7

定价：36.00元

本书如有印装质量问题，请与本社联系

▲ 水肥一体化技术

▲ 有机生态型无土栽培槽建造

▲ 增温补光灯预防低温危害

▶ 金皮西葫芦

▶ 塞尔郎红彩椒

▲ 设施西瓜有机基质袋式栽培

▶ 贝贝南瓜

▼ 黄板防治病虫害

▲ 黄瓜有机生态型无土栽培

▲ 金棚14-8　　　　　　　　▲ 金棚粉妹

编 写 人 员

主　　编：杨　叶（宝鸡市园艺技术工作站）

副 主 编：张伟兵（陕西省园艺技术工作站）

　　　　　刘　刚（宝鸡市园艺技术工作站）

　　　　　张志强（宝鸡市园艺技术工作站）

参　　编：（按姓名笔画排序）

　　　　　冯立团（宝鸡市园艺技术工作站）

　　　　　伏春侠（宝鸡市园艺技术工作站）

　　　　　孙西会（宝鸡市渭滨区种子站）

　　　　　权丽春（扶风县果业中心）

　　　　　张瑜萍（眉县农技中心）

　　　　　李文辉（汉中市南郑区农技中心）

　　　　　李雪君（陕西省园艺技术工作站）

　　　　　李　媛（宝鸡市园艺技术工作站）

　　　　　邱　琳（宝鸡市园艺技术工作站）

　　　　　杨巧艳（宝鸡市园艺技术工作站）

　　　　　赵仕国（宝鸡市园艺技术工作站）

　　　　　赵志国（太白县农技中心）

　　　　　赵怡红（岐山县农技中心）

　　　　　赵德亮（宝鸡市园艺技术工作站）

　　　　　雷　丽（陕西省园艺技术工作站）

前　言

近年来，我国在设施农业装备、设施环境调控、设施蔬菜新优品种选育、病虫害绿色防控、优质高效栽培技术集成等领域取得了一大批科研成果，植物工厂、联栋智能温室、物联网等现代设施园艺新技术研究也取得了重要进展。陕西省相继实施了"百万亩设施蔬菜""千亿级设施农业产业培育"等重大工程建设，设施蔬菜产业规模稳步扩大，品种结构更加优化，栽培技术日益成熟，市场供应逐年提升，蔬菜生产规模化、板块化、标准化日趋明显，初步形成了关中设施蔬菜和时令瓜果、陕北设施瓜菜、陕南设施食用菌等优势特色产业带。

发展设施蔬菜产业不仅是脱贫攻坚和乡村振兴的重要抓手、农民增收致富的重要来源，也是陕西省农业农村经济发展的基础性支撑。为了认真实施陕西省千亿级设施农业工程，抢抓机遇乘势而上，全力推动设施蔬菜产业高质量发展，宝鸡市园艺技术工作站组织长期在生产一线从事设施蔬菜栽培技术推广、实践经验丰富的专业技术人员，编写了《设施蔬菜提质增效栽培技术》一书。

本书从优化设施棚型结构、合理安排茬口、培育无病虫壮苗、水肥一体化技术、病虫害绿色防控技术、有机生态型无土栽培技术、秸秆生物反应堆技术、低温危害预防技术8个方面，介绍了近年来国内外设施蔬菜的新优品种，详细阐述了编者在生产实践中总结出的先进经验及行之有效的新技术、新成果、新工艺，融先进性、科学性、实用性于一体。编写中注重理论与实践相结合，内容丰富，通俗易懂，可操作性强，可作为广大蔬菜种植户、农业科技工作者、大专院校师生的参考书籍。

本书在编写过程中，得到了陕西省园艺技术工作站、汉中市南郑区农技中心、宝鸡市渭滨区种子站、岐山、扶风、眉县、太白农技（果业）中心等单位的大力支持，在此一并表示感谢！由于编者水平有限，加之时间仓促，错误和遗漏之处在所难免，敬请广大读者批评指正。

编　者

2022年3月

目 录

第一章 优化设施棚型结构

利用一定的设施，在局部范围改善或创造出更适宜蔬菜生长的温度、光照、湿度、气体和土壤环境而进行蔬菜生产的方式，称为设施蔬菜栽培。由于蔬菜设施栽培的季节往往是露地生产难以达到的，通常又将其称为反季节栽培、保护地栽培等。采用设施栽培可以达到避免低温、高温、暴雨、强光照射等逆境对蔬菜生产的危害，已经被广泛应用于蔬菜育苗、春提前和秋延迟栽培等。南方地区夏季及早秋持续高温炎热和梅雨，主要应用遮阳、防雨、防虫网覆盖以及选用耐热、耐高温品种进行越夏栽培；北方冬季寒冷，光照充足，主要应用阳畦、温床、地膜覆盖、塑料拱棚、日光温室等设施有效地增加棚温以及选用耐低温弱光、抗逆性强的品种进行越冬、春提前、秋延迟栽培。

本章依据GB/T18622—2002温室结构设计荷载、JB/T 10286—2001日光温室结构、DB61/T 249—2016日光温室设计建造规范、NY/T 7—1984农用塑料棚装配式钢管骨架等有关标准，主要规范建造钢筋混凝土和竹木混合结构日光温室和塑料大中棚的选址、方位、采光保温结构、主拱架结构、支柱规格、跨度、高度、建造程序等，适用于陕西关中地区日光温室及塑料大棚的建造。

第一节 日光温室的设计与建造

日光温室是一种以玻璃或塑料薄膜等材料作为屋面，用土、砖做成围墙，或者全部以透光材料作为屋面和围墙的房屋，具有充分采光、防寒保温能力，室内可设置一些加热、降温、补光、遮光等设备，使其具有较灵活的调节控制室内光照、空气、土壤的温湿度、二氧化碳浓度等蔬菜作物生长所需环境条件的能力。日光温室是我国近年来在蔬菜生产中大规模采用的一项农业园艺设施，较好地解决了采光、蓄热、保温等一系列问题，北方地区严寒的冬季在没有加温设施的条件下进行喜温性果菜类蔬菜生产，达到节能、优质、高效的目的。目前节能型日光温室在全国已发展到几百万亩，全面解决了蔬菜的周年生产、均衡上市，是我国北方有广阔发展前景的设施栽培类型。

一、日光温室的规划布局

1.场地选择

应选择地势平坦高燥、地下水位低，土壤疏松、富含有机质的壤土或砂壤土，排灌方便，光照和通风条件良好，避开河套和山川等风道，土壤、空气、水质等无污染，交通运输便利，水电条件齐备的地段。

2.温室群的布局规划

温室规划应着眼长远，设施起点要高，具有一定规模，设施群布局合理，整齐配套，园内道路宽畅，绿化美观，既便于管理，也易形成市场利于流通。依据温室群的数量，进行总体规划，绘制出温室布局平面图。布局规划应包括温室建造方位、田间道路、相邻温室排列、附属设备等方面。东西延长温室群以南北方向的路为主路，在路东西两侧对称建两排温室，留5～7m的室外作业通道和排灌水渠，东西每3排温室、南北每8～10栋温室之间再设4m宽通道，以便于运输。低压线路应设在两列温室之间的一侧，电杆不能影响日光温室采光，低压线不能影响车辆运行。如有仓库、锅炉房、水塔应设在温室群的北侧。

二、日光温室的设计

1.日光温室设计应考虑的问题

具有良好的采光屋面，能最大限度地透过自然光；保温和蓄热能力强，能最大限度地减少温室散热，温室效应强；温室的长、宽、脊高、后墙高、前坡屋面和后坡屋面等规格尺寸及温室规模要适当；抗风雪能力强，并做到既坚固耐用，又避免用料过大造成遮光；具备易于通风、排湿、降温等环境调控功能；具备有利于作物生育和便于人工作业的空间；温室的建造和保温覆盖材料应立足于因地制宜，就地取材，注重实效，降低成本；温室结构要求充分合理地利用土地，尽量节省非生产部分占地面积。

2.采光设计

（1）方位角 高效节能日光温室在建造时，对温室在地面上的坐落方位有较严格的要求，一般东西延长，坐北朝南，正向布局，目的是尽可能延长采光时间，在具体实施时，由于地形的限制，无法做到正向布局时，可根据具体情况向东或向西偏斜5°～10°，在气候温和地区，可早揭草苫，方位角采取南偏东5°～10°；纬度较高的地区，早晨揭苫偏晚，可采取南偏西5°～10°。若偏斜角度太大，会减少日光温室的采光时间，直接影响温室的热性能，当然对生产也会带来很大损失。

（2）前屋面角　前屋面角是指采光面与地平面的夹角，常用日光温室采光屋面最高点到其前棚着地点处的连线与地面水平线的夹角α表示。前屋面角在一定范围内越大，太阳光透射率越高，温室冬季接受的辐射越多，蓄热就越多。但前屋面角度过大，在跨度确定的情况下，温室高度过高，前屋面坡度过陡，建造、作业难度大，不实用。若高度合适，则跨度必然缩短较多，温室内有效栽培面积小，经济效益降低。所以必须将前屋面角度确定在合理的范围内。前屋面角度应随地理纬度的升高而增大，关中地区合理的前屋面角为24°左右，为了减少前屋面遮光，要采用小断面、高强度的拱架材料。综合各项因素的相关性，提出理想屋面角、合理屋面角、最佳屋面角（见表1-1）。

表1-1　陕西省各地区日光温室前屋面角度设计

北纬	代表地名	理想屋面角/（°）	合理屋面角/（°）	最佳屋面角/（°）
31°	镇坪	45.5	14.5	27
32°	平利、安康	55.5	15.5	28
33°	汉中、留坝	56.5	16.5	29
34°	西安、宝鸡、永寿	57.5	17.5	30
35°	韩城、洛川	58.5	18.5	31
36°	延安、富县、宜川	59.5	19.5	32
37°	米脂、清涧	60.5	20.5	33
38°	榆林、神木	61.5	21.5	34
39°	府谷	62.5	22.5	35

（3）相邻温室的间距　前后排温室间距离的确定是根据"冬至"日中午时，前排温室的阴影长度，计算时温室高度要加上草帘卷的高度。在此基础上考虑中午前后光线斜射的阴影，以前排温室不遮后排温室光线为准，综合考虑确定。据经验，一般前后两排温室间距应不小于温室屋脊高度加上草苦卷高的2倍。

3.保温设计

日光温室的热能来源于太阳辐射，白天太阳光穿过温室透明覆盖物，进入温室内，绝大部分被土壤以及墙体、立柱、后屋面和蔬菜作物吸收，温室增温，而夜间没有太阳辐射温室只散热。要使温室保持一定的温度，就必须设置保温设施。温室的保温结构包括：土墙、后坡、无滴膜、草帘、防寒膜、防寒沟、换气室等，用这些设置来减少热量的损失。

（1）温室的长度、高度和跨度　温室的跨度指从温室南侧底角至北墙内侧的距离，高度是指屋脊至地面水平面的距离。据近年试验，陕西关中地区温室合适的高跨比为1∶2.1，如脊高3.6～4.0m的温室，其跨度应为7.5～8.5m。温室长度依地形而定，一般以50～70m为宜，过短蓄热少、土地利用率低，效益不高；过长温度分布不均，管理困难，卷帘机易出故障等。

（2）墙体 温室后墙高度一般为2.7～3.0m，是南高北低的坡形，落差0.2m。土墙底宽1.0～1.2m，顶宽0.8～1.0m；东西两边的山墙呈弧形至脊高处达3.3～3.5m，厚度与后墙一致。如用砖墙中间应留空隙以便填充保温材料。

（3）后屋面 一般采用高后墙短后坡式结构，后屋面长度1.5～1.7m，后屋面水平投影长度1～1.2m，脊高与后墙高差控制在1.0m左右，后屋面与水平线夹角40°左右。

（4）换气室 为保证冷空气冬季不直接侵入温室，在温室出口的一端建造换气室，规格一般长3m、宽2.5m、高2.5m，建造以经济实用为原则。换气室是温室内外温度的缓冲间，也可作为棚户的休息和贮藏室，由换气室进入温室时，冬季应在后墙温室出口处里外均挂上棉门帘。

（5）塑料薄膜 聚氯乙烯薄膜保温性、透光性好，忍耐不良气候的能力强，使用寿命长，但容易附着尘土，导致透光性迅速降低；普通聚乙烯膜保温性、透光性比聚氯乙烯膜差，但使用过程中透光率不易变差，且比重仅为聚氯乙烯膜的76.2%，单位面积用量少。近年来我国研制并生产出了功能性薄膜，如耐老化膜、无滴耐老化膜、无滴保温耐老化膜、聚氯乙烯防尘无滴膜等，使用效果较好。冬春茬喜温性果菜类蔬菜生产主要以厚度为0.12mm的聚氯乙烯长寿无滴膜作为棚膜，防寒膜可用上年用过的旧棚膜。

表1-2　几种农膜物理特性比较表

类　别	防老化，连续覆盖/个月	防雾滴，持效期/个月	保温性	透光性	漫散射性	防尘性	转光性
PVC普通膜	4～6	无	优	前优后差	无	差	无
PE普通膜	4～6	无	差	前良后中	无	良	无
PVC防老化膜	10～18	无	优	前优后差	无	差	无
PE防老化膜	12～18	无	差	前良后中	无	良	无
PE长寿膜	24以上	无	差	前良后中	无	良	无
PVC双防膜	10～12	4～6	优	前优后差	无	差	无
PE双防膜	12～18	2～4	中	前良后中	弱	良	无
PE多功能膜	12～18	无	优良	前良后中	中	良	无
PE多功能复合膜	12～18	3～4	优良	前良后中	中	良	无
EVA多功能复合膜	15～50	6～8	优	前优后中	弱	良	无
PE漫散射膜	12～18	无	中	中	弱	良	无
PE防雾滴转光膜	12～18	2～4	中	前良后中	弱	良	有
PEP利得膜	12～60	12～60	优	前优后中	优	良	有

注：PE为聚乙烯膜；PVC为聚氯乙烯膜；EVA为乙烯-醋酸乙烯膜；PEP利得膜为三层共挤之复合膜。

（6）草帘　草帘是冬季生产的主要保温设施，要求厚而紧实。长度11～12m，宽度1.2m，厚度4～5cm，长50m温室需75～80个。

（7）防寒沟　在温室前沿底脚挖沟，填入干燥的作物秸秆碎屑等保温材料，用塑料薄膜包裹，以隔断温室土壤的横向传热。

三、人工夯打墙体日光温室的建造

1.平整土地和放线

按照设计好的日光温室平面图，测定好方位后，平整地面放线打桩，开挖墙基40～50cm深，用夯打实。

2.筑墙

墙基夯至地平后，按设计要求筑造土墙。先将耕作层30cm的表土推至棚外南边空闲地，然后取棚内生土打墙，山墙与后墙一次成型，保证墙体质量。用砖建造空心墙时，砖墙层与层之间的空心宽度掌握在5～8cm，且空心不可一留到底，要每隔3～4m，用砖将各层连接起来，以提高墙的牢固程度。空心墙可用炉渣、珍珠岩、麦秸等作填充料。

3.立后柱、架檩条

有后立柱的温室要及早安排浇铸，以保证工期按时进行。立后柱时先测定两山墙高度是否一致，确定后在距后墙0.8m处拉一道东西延长线，确定立柱位置，挖30～40cm深的坑，用石头作柱脚。立柱高度以山墙高出后墙北缘1m为准，即后墙2.5m，山墙高度3.5m。然后在两山墙拉上线绳，作为立柱高点标准线，在确保高点标准不动的情况下，处理立柱下部基础。后柱每3m设1根，顶部统一向北偏5cm，再架上 Φ20cm的杂木檩条或水泥檩，用扒钉或铁丝与后柱顶部捆绑在一起。

4.钉小椽，立钢架

小椽在架檩条后进行，一端与檩条固定，另一端可嵌入后墙中部，追土至原高度，固定下部，每米用3～4根，再钉上后坡板。后坡也可用长1.7m、宽0.5m、厚度为8cm的水泥板代替小椽。前坡钢架用 Φ25mm钢管，依照前坡采光角度固定后，为保证支撑力用 Φ10mm螺纹钢拉花焊接而成，钢架一端与檩条固定，另一端与地平成60°夹角，并用砂浆与砖底座固定。钢架立好后，东西成一整体弧形，以保证采光质量，否则必须调整。

5.挖地锚，上铁丝，绑竹竿

地锚埋设可在墙体土工完成后抓紧时间埋设，后墙的地锚距墙根应在1.5m以外，保证足够的拉力。设置8根地锚线，将衔接口露出地面，拉铁丝时温室山墙内侧要用木椽向外支撑，以防山墙向内倾倒。先固定一端铁丝后，用紧线钳用力拉紧另一端后用法兰固定，每45~50cm用1根，拉直，以铁丝中央不下垂为准。铁丝与钢架用扎丝固定，不得左右摆动，竹竿与铁丝纵横交错，组成前坡面网架结构。竹竿用5~6m毛竹，竹竿的粗端与檩条相接，竹竿的细端与第二根的粗端交错，先端插入前底脚，竹竿与铁丝用扎丝拧紧，不论是钢架与铁丝，还是铁丝与竹竿，扎丝的茬口必须留在棚内不得朝上，以免刺破棚膜。

6.拉杆

为保证前坡面所需的角度，使深冬采光达到最佳，并使钢架受力均匀，棚内钢架上最好使用东西2~3道Φ10mm钢管拉杆与钢架卡紧，力求采光、受力一致。

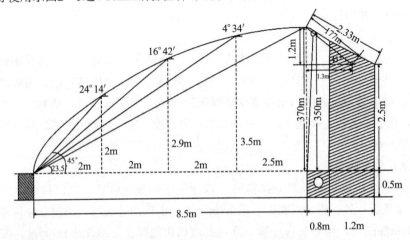

图1-1　弧面半地下式日光温室结构示意图

7.覆盖后屋面

在檩条或椽子上覆盖一层废旧的塑料薄膜，在薄膜上摆放成捆的玉米秸，其摆放的方向与檩条或椽子垂直，再在玉米秸秆上铺麦秸或稻草，最后在其上再铺一层塑料薄膜，上面抹草泥。后屋面由两层塑料薄膜包裹的秸秆、麦草组成了一个像棉被一样的覆盖物，保温性能比普通的不加塑料薄膜的后屋面大大提高，后屋面覆盖好以后，要用草泥将后屋面内侧与温室后墙衔接处抹严。如果用预制板作后屋面，预制板间不留缝隙，然后在预制板上覆盖保温层。

8.挖防寒沟

在温室前沿底脚外20cm处，挖深50~60cm，宽30cm的防寒沟，沟内用塑料膜薄封底，填入锯末、树叶、杂草、碎玉米秸秆、麦草等保温材料，踏实后上面再覆盖薄膜，用土压实。

9.整理床面

日光温室墙体建成之后，首先应及时平整温室内地面，后将堆在棚址南侧原栽培床30cm的表土回填到栽培床，使栽培床低于地平面50～60cm，形成半地下式结构。然后浇大水，利用大水沉实温室地面。

四、机筑加厚墙体日光温室的建造

一般土墙底宽5～6m，顶宽1.5m，高度2.8m，栽培床下挖深度60～80cm，跨度8.5～10m，脊高4.2～4.7m，其他参数与普通墙体日光温室相同。

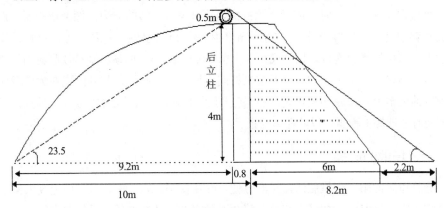

图1-2　机筑加厚墙体日光温室结构示意图

筑墙时用一台挖掘机和一台链轨推土机配合施工。先用推土机将栽培床上30cm表土推向棚址最南侧，露出湿土，然后由栽培床南向北依次挖土建墙。筑墙一般有2种方法：一是将后墙和山墙作为一个整体同时建造。即推土机随着挖掘机取土筑墙，墙体每升高50cm厚，推土机反复进行碾压1次，每次推土机都要从一侧山墙上去，经过后墙从另一侧山墙下来，如此共反复碾压4层至墙体高2m时，停止碾压。上层50cm改用电夯夯打，至墙体高2.5m时即可。注意链轨推土机碾压时一定要压实压匀，保证切墙后不坍塌。然后用挖掘机切削后墙，后墙面切削时应注意墙面不可垂直，应有一定斜度，一般墙底脚比墙顶沿向南宽出30～50cm呈不等腰梯形，以防止墙体滑坡、垮塌。另一种筑墙方法是先筑后墙，后墙面切削好后，再筑两个山墙，所需机具与筑墙工序相同。

第二节　塑料大棚的设计与建造

塑料棚是以竹木、钢筋混凝土、钢管、复合材料等作骨架，以农用塑料薄膜为透明覆盖材料，内部无环境调控设备的拱圆形保护地设施，按大小可分为小拱棚、中棚、大棚，一般小拱棚跨度6m以下、中棚跨度6～8m、大棚跨度8m以上；按建造材料可分为竹木结构、水泥预制结构、组装式钢管结构；按棚顶形状可分为拱圆型、屋脊型；按棚型可分为单栋型和连栋型等，一般以单栋拱圆型最常用。塑料大中棚在关中地区主要用于春提前、秋延后的果菜类蔬菜栽培，一般春季可提前30～35d，秋季能延后25～30d，但不能进行越冬栽培。相对于日光温室而言，其投资小、用工省、土地利用率高、效益高，并可挪动。为宝鸡地区继日光温室之后的第二大设施类型。

大棚在设计及建造时，应考虑能抵抗当地最大风、雪的能力。棚架结构要合理，一般骨架强度至少应能抗住25～30kg/m²的风压，材质坚硬，不易变形，拱杆距离不可过大，与拉杆紧密连接，拱杆底角入土至少0.4～0.5m；棚膜特别是顶膜应当拉紧拽平，四边卷好埋入土中压实；每两道拱杆间设置一道压膜线，将其固定在大棚两侧提前埋置的地锚上，扣膜初期每隔2～3d将压膜线重新紧1次；及时收看天气预报，降雪期间及时清理棚上积雪，以防棚体受损。

一、场地的选择

选择避风向阳，土壤肥沃，排灌方便，交通便利，东、南、西三面无高大树木和建筑物遮阴，以保证大棚采光充足，符合无公害农产品产地环境质量要求的地块。大棚方位一般南北方向延长，地块最好北高南低，坡度8º～10º为佳，跨度8～12m，长度40～60m。在建设大面积塑料大棚群时，南北间距4～6m，东西间距2～2.5m，以便于运输及通风换气，避免遮阴。

二、竹木结构大棚的建造

竹木结构的大棚是由立柱、拱杆、拉杆和压杆组成大棚的骨架，骨架上覆盖塑料薄膜而成，使用材料简单，可因陋就简，容易建造，造价低。缺点是竹木易朽，使用年限较短，又因棚内立柱多，遮阳面大，操作不便。

1.立柱

立柱承受着棚架和棚膜的重量，并有承受雨、雪负荷和受风压作用，因此立柱要垂直或倾向于应力。由于棚顶重量较轻，使用的立柱不必太粗。立柱分中柱、侧柱、边柱3种，选直径4～6cm的圆木或方木为柱材，基部可用砖、石或混凝土墩，也可用木柱直接插入土中30～40cm。上端锯成缺刻，缺刻下钻孔以固定棚架。南北延长的大棚，东西跨度一般是10～12m，两排相距1.5～2.0m，边柱距棚边1m左右，同一排柱间距离为1.0～1.2m，棚长根据地形灵活确定。根据立柱的承受能力埋南北向立柱4～5道，东西向为一排，每排间隔3～5m，柱下埋置砖头或石块，以防柱下沉。

2.拱杆

拱杆是支撑棚膜的骨架，连接后弯成弧形，横向固定在立柱上，如南北延长的大棚，在东西两侧画好标志线，沿东西方向将拱杆放在中柱、侧柱、边柱上端做好的凹槽里，间距为0.5～1m，并将两端埋入土里，深度为30～40cm。拱杆通常用直径3～4cm的竹竿或木杆压成弧形，若一根竹竿长度不够，可用多根竹竿或竹片绑接而成。

3.拉杆

拉杆是纵向连接立柱的横梁，对大棚骨架整体起加固作用。拉杆可略粗于拱杆，一般直径为5～6cm，顺着大棚纵向，每排柱绑一根，绑的位置距顶25～30cm处，要用铁丝绑牢，使之连成一个整体。

4.盖膜

使用厚度为0.1mm的农用聚氯乙烯（PVC）或聚乙烯（PE）薄膜，首先把塑料薄膜按棚面的大小粘成整体，如果准备顶部通风则以棚脊为界，粘成两块长块，并在靠棚脊部的薄膜边，粘进一条粗绳；不准备顶部通风的可将薄膜粘成一整块。最好选晴朗无风的天气盖膜，先从棚的一边压膜，再把薄膜拉过棚的另一侧，多人一齐拉，边拉边将薄膜弄平整，拉直绷紧，为防止皱褶和拉破薄膜，盖膜前拱杆上用草绳等缠好，把薄膜两边埋在棚两侧宽20cm、深20cm左右的沟中。

5.压膜线

扣上塑料薄膜后，在两根拱杆之间平行设置一根压膜线，压在薄膜上，使塑料薄膜绷平压紧，不松动。使棚面呈波浪状，以利排水和抗风，压膜线有专用塑料制品带。压膜线两端应固定在大棚两侧预埋的地锚上。

6.装门

门应设在大棚的两端或其中一端，作为出入口及通风口，门的下半部应挂半截塑料门帘，以防早春开门时冷风吹入。

三、水泥骨架大棚的建造

1.水泥预制大棚的结构与材料

水泥预制大棚的宽度一般为8～10m，高度为2.2～2.7m，拱间距为1.5～1.7m，棚长40～60m。拱架材料为钢筋预制件，主拱横断面13cm×5cm，两根底筋为Φ8mm、顶筋为Φ6mm的钢筋，箍筋为Φ4mm冷拔丝，用C25混凝土浇筑，制作时可从脊高处分成对称的两部分，并在连接处预留螺丝孔；立柱横断面12cm×12cm，4根Φ6mm钢筋作竖筋，间隔10cm用10#铁丝作箍筋，用C20混凝土浇筑，距顶部10cm处留一个直径15mm的贯通孔。预制时拌料要填实填匀，边浇边搅拌，加强养护，去膜6h后放入水池养护7d，取出后露天堆放1个月方可安装。

2.水泥预制结构大棚的建造

（1）挖棚架坑 在选择好的地块按照大棚的宽度沿南北方向拉线放样，挖2行深0.4m的坑，2行坑间距与拱架宽度相同，东西对齐，每行坑间距1.5～1.7m，南北对齐；立柱坑在棚中间与对应的主拱架坑在一条线上，坑深0.4m。坑底部垫废砖块或用三合土夯实。

（2）安装骨架 将预制好的棚架，放入挖好的坑内，第一个棚架要离地头或道路2m，先将最北面和南面首尾棚架立起，棚架顶部和两侧要放线，确保顶部和两侧整齐一致，然后根据放线依次立起其他棚架，注意棚架入土0.4m，并保持主拱架处于垂直状态。将预制做好的立柱放入立柱坑内，水泥柱上有一排孔，安放时孔要朝南北方向，便于固定梁和作物吊蔓，拉线对齐，支柱要和棚架紧密接触，为此水泥柱可向东西倾斜5°，最后用12#铁丝穿过水泥柱的孔和棚架固定然后埋实。另外南北两端边架各用4根水泥柱支撑，间距2m，并在边架内侧各用2根顶柱斜顶在与棚内立柱对应的边立柱上。

（3）安放地锚 在南北首尾棚架处沿东西方向各挖1条地锚沟，沟宽80cm，沟深1.2m，沟长8m，沟离首尾棚架1.5m。用12#铁丝绑在大石块上作地锚然后埋入沟中，每个地锚上拴2根钢绞线。

（4）拉钢绞线 从两侧开始往棚上拉钢绞线，12#铁丝以南北方向搭在棚架上，并将其与地锚连接固定，用绞线机绞紧，每道钢丝和棚架交叉处都要用铁丝固定，棚内立柱南北方向上各拉一道铁丝，铁丝要穿过水泥立柱上的孔，主要用于蔬菜吊蔓。

（5）挖压膜线地锚坑 每2个棚架之间的东西两侧距离棚架底边10cm处各挖1个坑，坑深40cm，用12#铁丝绑两块砖做好地锚并埋好。

（6）覆盖棚膜 一般两侧放风，采用3块厚度0.08～0.14mm的棚膜（PE或EVA），跨度10m、高度2.8m的大棚，棚膜宽度分别为10m、2m、2m，其中2m膜的一侧要做双层边穿入12#铁丝或压膜线。覆膜在无风的早晨进行，先把10m塑料棚膜铺在棚架顶端，2m膜固定在两侧，2m膜塑料下边埋入土中20cm，将10m塑料棚膜南北两端卷上竹竿拉紧后埋入土中，10m膜在外、2m膜在内，压幅40cm左右，要10m膜压2m膜，利于排水抗风。

（7）固定压膜线 棚膜上好后，用压膜线将棚膜压紧并固定在东西两侧的地锚上，压膜线可以用钢丝芯的压膜线，也可采用耐高温塑料绳。为了抗大风，可用竹竿缠布条后与梁固定，把膜压紧。

四、组装式镀锌钢管结构大棚的建造

组装式镀锌钢管大棚是近年迅速发展的一种大棚形式，大棚骨架全部由工厂按定型设计的标准构件运至现场组装而成的装配式大棚。骨架采用热浸镀锌防锈钢管，钢管壁厚1.2~2.5mm、直径20~32mm，用钢量3.75~4.5kg/m²。主要部件有拱架、拉杆、卡槽、棚头立柱、门、卷膜通风装置等。棚内无支柱，安装方便，坚固耐用，且易于搬迁。棚膜直接用压膜槽和卡丝固定，操作方便，同时大棚配有天窗和两侧通风用的卷膜机，管理也方便。其缺点是造价高，一次性投入过大，但如果按使用年限折旧计算（使用年限可达15~20年），其每年生产成本略高于水泥结构的简易大棚。

1.镀锌钢管骨架大棚的主要部件

（1）大棚主体 拱杆、纵向拉杆、斜拉撑、棚门组合、棚头立杆、卡槽等。

（2）主要配件 管槽固定器、U形卡、压顶簧、卡槽连接片、拱管接头、固定夹圈等。

（3）卷膜装置。

2.搭建技术

（1）棚位定线 根据规划位置进行平面放样。按施工要求打出横线，可以利用水平尺把2根横线定在同一水平线上，以贴近地面但有一定空隙为宜。然后按施工要求把大棚跨度、棚间距在横线上定位，根据定位再拉上竖线，横竖线之间保持90°的正位，并必须拉紧拉直，同时在线上标出打眼的位置。

（2）拱杆、纵拉杆及卡槽的安装 第一步沿记号垂直打拱杆插入的眼，深度一致，地势硬的地方要稍微向内倾斜。第二步标出每根拱杆入土深度。第三步在平地上把2根拱杆接上顶接管，然后立起来插入预先打好的眼中。第四步在大棚两头门正中间插1根正门针，利用正门针把每对接上顶接管的拱杆调成垂直，并调出统一的指定高度。第五步安装纵向拉杆及斜撑，纵向拉杆依次接好后，可以通过左右调节尽可能地将其调直。第六步安装卡槽及其他卡件。

（3）棚头的安装 将棚头端立柱按规划插入土中，上端与拱杆高度吻合。

（4）棚门安装 在棚头把规定规格的门装在门框内，安装完成后门框应平整，开关要方便，关闭需严密。

（5）薄膜及压膜线安装 安装薄膜的总体要求是密封、绷紧。安装时最好选择晴天无风的清晨，一步到位。气温不宜太高，否则不容易拉紧。卡簧卡入卡槽压膜时，正确的操作方法是把卡簧一节一节地左右扭动由卡槽口部压入卡槽，同时要注意安装力度，防止卡簧压入时，在卡槽口部造成薄膜破损。为了减少卡簧、卡槽与膜的摩擦，装膜时可在卡簧和薄膜之间加垫一层旧薄膜。特别需要强调的是，薄膜落地部分应该完全盖住落地钢管的底部。

专用压膜线呈扁平状，具有不导热、不易损伤薄膜等优点，通常有黑、白2种颜色，选用时切不可用其他塑料类绳子替代。一般在每两拱之间拉一道压膜线，棚头及棚中部也可用2道交叉互拉的压膜线加强。压膜线落地用地钩固定。有些农户用木或竹钩代替，也有的采用大棚的两侧用木桩纵向拉一道铅丝，然后压膜线统一扎紧在铅丝上。也有的农户采用拱杆底部打孔固定铁钉，用此铁钉来扎压膜线。这些方法虽然效果上差一点，但成本降低了不少。

第二章 合理安排茬口

日光温室及塑料大中棚蔬菜的茬口，要依据当地的气候条件、设施结构类型及采光保温性能、蔬菜不同品种的生长发育规律、市场需求及经济效益、现有的栽培技术水平等因素，确定适宜的栽培季节和茬口。设施蔬菜的茬口，按照收获次数可分为一年一大茬、两茬和多茬；按照作物生长和收获季节可分为秋延茬、秋冬茬、越冬茬、早春茬、越夏茬等。本章介绍几种近年来适宜陕西关中地区发展的日光温室及塑料大中棚蔬菜高产高效种植模式，通过合理安排茬口、提高复种指数、集成关键配套栽培技术，大幅度提高设施蔬菜产量和效益，其他气候条件相似地区也可参考。

第一节 日光温室蔬菜茬口安排模式

一、一年一大茬

1.黄瓜

选用冬冠、津优30、博耐14号等抗病丰产、耐低温弱光的早熟品种。9月下旬至10月上旬温室播种，用黑籽南瓜作砧木嫁接育苗，11月上中旬定植，采取吊蔓方式，每667m²定植3000～3500株。12月下旬开始采收，翌年6月中下旬采收结束，一般每667m²产量6000～7000kg。

2.番茄

选用金棚秋盛、金棚14-8、奔前粉冠二、天福/69等抗病丰产、质优耐贮运的中晚熟品种。9月中下旬育苗，11月上中旬定植，每667m²定植2500～3000株。翌年2月上中旬开始采收，6月份采收结束，一般每667m²产量4000～5000kg。

3.茄子

选用布利塔、紫冠长茄等抗病丰产的品种。8月下旬露地营养钵育苗，11月中下旬定植，每667m²定植2000～2500株。翌年1月中下旬开始采收，6月份采收结束，一般每

$667m^2$产量4000～5000kg。

4.西葫芦

选用超级早生、京葫3号、法国碧玉等品种。10月上中旬温室播种，用黑籽南瓜作砧木嫁接育苗，11月上中旬定植，行距60～80cm，株距40～50cm，每$667m^2$定植2000～2500株。12月上中旬开始采收，翌年5上中旬采收结束，一般每$667m^2$产量5000～6000kg。

二、一年两茬

1.越冬茬黄瓜 + 夏秋茬苦瓜

（1）越冬茬黄瓜 栽培要点与一年一大茬中的黄瓜相同。

（2）夏秋茬苦瓜 选用秀华、月华、汉中长白苦瓜等耐低温性较强的早熟品种。9月下旬至10月上旬用黑籽南瓜作砧木嫁接育苗，11月上中旬定植于黄瓜行间，行距与黄瓜相同，每隔4株黄瓜栽1株苦瓜，每$667m^2$栽600～700株。4月中下旬黄瓜价格低时拔秧，苦瓜沿吊架迅速生长，前期留主蔓去侧枝，待苦瓜主蔓与吊架平齐时不再整枝，人工授粉。5月底至6月初开始采收，8月底采收结束，一般每$667m^2$产量3500～4000kg。

2.越冬茬番茄 + 夏秋茬苦瓜

（1）越冬茬番茄 栽培要点与一年一大茬中的番茄相同。

（2）夏秋茬苦瓜 选用秀华、月华、汉中长白苦瓜等耐低温性较强的早熟品种。1月上旬用黑籽南瓜作砧木嫁接育苗，2月中旬定植于番茄行间，一般每间（3.6m）套栽1行苦瓜，并将苦瓜套植于有中立柱的每个大行间，株距0.4～0.6m，每$667m^2$栽300～450株。5月份番茄拔秧后，按3.6m宽搭一个略朝南倾斜的平架，平架离大棚前坡面0.3～0.5cm，在主蔓未上平架之前去除侧蔓，当主蔓攀上平架后不再整枝，但应顺蔓使蔓、叶在平架上面分布均匀。

3.越冬茬番茄 + 秋延后甜瓜

（1）越冬茬番茄 栽培要点与一年一大茬中的番茄相同。

（2）秋延后甜瓜 7月上中旬用遮阳率70%的遮阳网露地遮阴育苗，7月底至8月初定植，每$667m^2$定植1800～2000株。10月上中旬开始采收，11月下旬采收结束，一般每$667m^2$产量1500～2000kg。

4.越冬茬茄子 + 伏茬豇豆

（1）越冬茬茄子 栽培要点与一年一大茬中的茄子相同。

（2）伏茬豇豆 选用扬豇40、紫茵等耐湿、耐热、抗病的蔓生性品种，茄子拉秧前15～20d，在茄子行中套播豇豆，穴距20cm，每穴留2株，每$667m^2$留苗1万～1.2万株。茄子拉秧后豇豆上架生长，6月底开始采收嫩荚，8月底采收结束，一般每$667m^2$产量1500～2000kg。

三、一年三茬

1.越冬茬香椿 + 早春茬茄子 + 秋冬茬黄瓜

（1）越冬茬香椿 选用红油香椿，3月中下旬阳畦播种育苗，4～5片真叶时露地定植，行距30cm，株距10～13cm，每667m²植苗20000株左右。11月上中旬移植温室，每667m²栽植8000株左右，春节期间采收上市，翌年4月上中旬移出温室复壮，一般每667m²产量250kg。

（2）早春茬茄子 选用天津快圆茄、北京六叶茄等果实发育快的中早熟品种，12月上旬温室育苗，翌年3月上中旬于香椿行间定植，株距35～40cm，每667m²栽植2500～3000株，5月中下旬开始采收，9月上旬采收结束，一般每667m²产量3000～3500kg。

（3）秋冬茬黄瓜 8月中旬露地营养钵遮阴育苗，9月中旬定植，每667m²栽植3000～3500株，10月中旬开始采收，翌年1月上中旬采收结束，一般每667m²产量2500kg左右。

2.越冬茬西芹 + 早春厚皮甜瓜 + 夏大白菜

（1）越冬茬西芹 选用美国文图拉、日本西芹1号等优质、抗病的西芹品种，9月份露地育苗，11月份定植，每667m²栽植1.1万～1.2万株。翌年1～2月份收获上市，一般每667m²产量5000kg。

（2）早春厚皮甜瓜 选用伊丽莎白、状元、蜜世界等品种，1月上中旬营养钵温室育苗，2月中下旬西芹采收后定植，行距65cm，株距35cm，每667m²栽植2500株。5月上中旬开始上市，7月初拉秧，一般每667m²产量1500kg。

（3）夏大白菜 选用夏珍白1号、津白45、夏阳50、优夏王等耐热、抗病的夏伏茬早熟结球大白菜品种，甜瓜拉秧后整地直播，行距50cm，株距40cm，每667m²栽植3000株，9月初上市，一般每667m²产量2500kg以上。

3.冬春茬甜瓜 + 伏茬茄子 + 秋冬茬菜豆

（1）冬春茬甜瓜 选用伊丽沙白、蜜世界等抗病、耐寒早熟、品质佳的品种，12月上旬营养钵温室育苗，翌年1月中下旬定植，每667m²栽植2000～2200株。5月上旬采收结束，一般每667m²产量2000～2500kg。

（2）伏茬茄子 选用紫光大圆茄、茄杂二号等抗病、高产、优质的品种，2月上旬阳畦营养钵育苗，5月中旬定植，每667m²栽植2200～2500株。7月上中旬开始采收，9月下旬采收结束，一般每667m²产量4500～5000kg。

（3）秋冬茬菜豆 选用法国芸豆、83-3、泰国架豆王等早熟、采收期集中的矮生型品种，10月上旬按行距60cm、穴距30cm垄上直播，每穴留2株，每667m²留苗

6500～7500株。11月底至12月初开始采收嫩荚，翌年1月中下旬采收结束，一般每667m²产量1500～2000kg。

第二节 塑料大中棚蔬菜茬口安排模式

一、大中棚西瓜复种秋延后番茄

1.适宜地区

土壤肥沃、地势平坦、灌溉条件优越、产地环境条件符合国家无公害农产品标准的地区。

2.产量指标

西瓜每667m²产3500～4000kg，番茄每667m²产4000～4500kg。

3.技术要点

（1）第1茬西瓜宜选择早中熟、抗病、抗逆性强的品种，如西农八号、丰抗八号、双抗巨龙、郑抗6号、郑抗7号、蜜农佳龙、碾丰十号等品种；大棚一般元月中旬、中棚一般2月上中旬温床内营养钵或穴盘育苗；大棚3月上旬、中棚3月下旬至4月上旬定植，行距1.5m，株距0.5～0.8m，每667m²栽500（大果）～800（小果）株；缓苗后中耕蹲苗，团棵期结合灌水追施出藤肥，每667m²窝施尿素5～6kg，硫酸钾10kg；采用一主二副的三蔓整枝或一主三副的四蔓整枝；当幼果长至核桃大小时追施1次膨瓜肥，浇1次膨瓜水，每667m²追施尿素10～15kg，硫酸钾10kg，结果期叶面喷施磷酸二氢钾或螯合微肥3～4次。

（2）第2茬番茄选用天福501、冬圣1号、金棚超冠等优质、抗病、高产品种，每株留3～4穗果打顶，进行高架矮作，如果是高度2.5m以上的大棚，还可选用圣女、金珠、千禧等小番茄品种，不摘心；6月上中旬用划格点播法或穴盘育苗，遮阳防雨，不分苗；定植前施足基肥，以有机肥为主，每667m²施腐熟的农家肥5000kg、饼肥50～60kg，老菜区和连作重茬地注意在基肥中增加微量元素肥，一般每667m²增施硼砂2kg、硫酸锌1～2kg、硫酸镁0.5kg；7月上中旬定植在大棚内，一般行距50cm，株距35cm，每667m²栽3500～3800株；定植后要遮阳防雨，加大通风，9月份逐渐减少通风，10月份注意保温，棚内温度白天保持在20～25℃，夜晚不低于10℃；及时搭架绑蔓，采取单秆整枝，坐果前清除全部侧枝，及时去除下部老叶、黄叶和病叶，疏果后去除残留花瓣，并带出田外，一般每穗留果3～4个。可延迟采收期至11月下旬。

二、早春甘蓝套西瓜套玉米

1.产量指标

每667m²产玉米400kg，早春甘蓝2500kg，西瓜2500kg。粮经合计每667m²产值2400元。

2.耕作带型

按4.2m开带，带内做一等宽塑料中棚，棚高1.5m，2月中旬在棚内定植10行甘蓝；4月中旬甘蓝收获后在棚中央定植2行西瓜；5月下旬在西瓜小行及棚两边各点播1行玉米。

3.技术要点

（1）冬前结合深翻整地，每667m²施优质农家肥5000kg，翌年元月底搭棚烤地，整地起垄，垄下每667m²条施磷酸二铵30kg。

（2）甘蓝和西瓜选用早熟、优质、抗病品种，如8398甘蓝、新金兰西瓜，玉米选用高农一号、陕911等大棒型品种。

（3）甘蓝上年12月中旬阳畦加温育苗，2月中旬地膜覆盖定植，行距40cm，株距30cm，每667m²栽苗5500株；西瓜3月中旬采用营养钵塑料拱棚覆盖育苗，4月中旬定植，小行距40cm，株距40cm，每667m²栽830株；5月底点播3行玉米，株距15cm，每667m²栽2500株。

三、早春双膜甘蓝套苦瓜套香菜

1.适宜地区

水源条件好，地力水平高，产地环境条件符合国家无公害农产品标准的地区。

2.产量指标

每667m²产甘蓝2000～2500 kg，苦瓜2500～3000kg，香菜1000kg。每667m²产值4500～5000元。

3.种植模式

2月中旬在4m宽的中棚内栽10行甘蓝，行距40cm，株距30cm，每667m²栽苗5500株；4月上旬于棚内两侧靠近拱杆处定植苦瓜，株距40cm，每667m²栽830株；5月下旬甘蓝收获后，撒播香菜，每667m²播量1.5kg。

4.技术要点

（1）甘蓝选用8398、中甘12等抗性强、耐抽薹、商品性好的早熟品种，于上年12月中旬采用阳畦育苗。越冬前控制幼苗生长，避免大苗越冬。越冬期间注意保温防寒。定植前加强通风炼苗，同时适量追肥。2月上旬施足基肥、整地、搭建拱棚，棚内起5条小高垄，并用幅宽80 cm的地膜覆盖。2月中旬选晴天，按预定株行距每垄点水定植2行，控制温度白天20～22℃，夜间10～12℃。4～5d后轻浇缓苗水。莲座期控制浇水，蹲苗6～8d后，随水每667m²追施尿素4～5kg，棚内温度控制在白天15～20℃、夜间8～10℃。结球期保持土壤湿润，结合浇水追施氮肥1～2次，注意通风排湿，棚内温度不宜超过25℃。收获前20d内不得追施无机氮肥。5月中下旬收获。

（2）苦瓜选用果形美观、皮色亮丽、耐运输的高产优质品种，如月华、翠秀、大肉一号、绿康等。3月上旬在拱棚内采用营养钵育苗，也可选用黑籽南瓜根砧，嫁接育苗。播种前须进行浸种和催芽，或破壳处理。4月上旬定植。5月上旬揭棚膜后，苦瓜蔓攀缘拱杆向上生长。花期采用人工授粉。结瓜后每隔8～10d浇水1次，每隔一水每667m²冲施尿素8～10kg。盛果期随水冲施硫酸钾，每次每667m²施7～8kg。

（3）香菜于甘蓝收获后，每667m²撒施复合肥50kg，翻锄均匀，做成1.3m宽的平畦。选用泰国耐热大粒香菜、泰国翠绿香菜、北京香菜等高产优质品种。播种前将果实搓开，用1%高锰酸钾液或50%多菌灵可湿性粉剂300倍液浸种30min后捞出洗净，再用干净冷水浸泡20h，在20～25℃条件下催芽后撒播。苗高3cm时每667m²追施尿素8～10kg，同时用0.3%尿素液、2%磷酸二氢钾液叶面喷施2～3次。采收前半个月，喷洒25mg／kg的"九二〇"溶液，促进茎叶生长。

（4）甘蓝生长后期注意防治食叶害虫；苦瓜防治蔓枯病、枯萎病等病害，后期加强水肥管理防早衰。

四、早春西葫芦复种夏白菜复种秋延后番茄

1.适宜地区

土壤肥沃、疏松，有井灌条件的川塬城镇郊区。

2.产量指标

每667m²产西葫芦4000～5000kg，夏白菜2000kg，番茄4000kg。每667m²产值5500～6000元。

3.种植模式

西葫芦元月下旬至2月上旬育苗，3月上旬定植，行距60cm，株距50cm，每667m²栽苗2000～2200株，4月上旬开始采收。夏白菜5月上旬育苗，5月下旬定植（或直播），株、行距50cm，每667m²栽苗2500株，7月下旬采收。番茄6月下旬育苗，7月下旬棚内宽窄行定植，宽行距70cm，小行距50cm，株距37cm，每667m²栽苗3000株，9月下旬开始采收，11月下旬拉秧。

4.技术要点

（1）西葫芦选用抗病、高产、商品性好的早熟站秧型品种法国冬玉、超级早青、

中葫一号等。采用日光温室或加温苗床营养钵（或纸钵）育苗，苗龄30～40d。6m宽塑料大棚内起垄覆地膜暗水定植，每棚栽10行，并加盖小拱棚保温。定植前，每667m^{2}施腐熟的有机肥4000～5000kg，氮磷钾复合肥50kg，深翻30cm后整平起垄，定植前1周加盖棚膜升温。定植后不通风，保持夜间温度15℃以上，缓苗后轻浇一水。根瓜坐住后，结合灌水每667m^{2}追施磷酸二铵10kg（或复合肥30～40kg），以后约10～15d追1次肥。适时灌水，保持土壤湿润，及时通风排湿。开花期每天上午9～10点进行人工授粉或用防落药剂蘸花，促进坐果，雌花开花后10～15d单瓜重0.25～0.75kg时适时采收。

（2）夏白菜选用夏珍白1号、优夏王、夏阳50等耐热、抗病的夏伏茬早熟结球品种。5月下旬西葫芦拔秧后突击整地，按预定株行距起垄直播（若西葫芦拔秧晚，可于拔秧前15d平畦营养钵育苗）。播种深度1cm，播后及时浇灌垄沟，湿透垄背，使种子处于足墒湿土中，以利整齐出苗。出苗后适时施肥灌水，保持地表见湿不见干。

（3）秋延后番茄宜选用耐热、抗病、高产品种，如天福501、中杂101、金棚超冠等。6月中下旬遮阳网覆盖育苗，白菜收完后施肥整地，按预定株行距棚内定植，9月下旬开始采收。全程拱棚覆盖，前期注意大通风，9月以后视天气情况适当减少通风，11月份注意保温防寒。

（4）病虫害防治。严格按照无公害蔬菜生产技术规程，坚持以生态、物理、生物防治为主，化学防治为辅的原则，科学使用农药，确保蔬菜产品质量安全。西葫芦以防治灰霉病、霜霉病、细菌性角斑病为主；白菜注意防治软腐病、干烧心、小菜蛾、菜青虫、斑潜蝇等；番茄加强病毒病、疫病、烟青虫、白粉虱等病虫的防治。

五、双膜西瓜套玉米套西芹

1.适宜地区

土壤肥沃、地势平坦、灌溉条件优越、产地环境条件符合国家无公害农产品标准的地区。

2.产量指标

每667m^{2}产西瓜2500～3000kg，西芹4000～5000kg，玉米300～350kg。

3.技术要点

（1）第1茬西瓜选用优质、小果型礼品西瓜，如佳丽、黑美人、金美人、金冠一号或其他早熟优质品种如郑抗6号等。于2月中下旬用营养钵在温室育苗，3月下旬至4月上旬在6m宽的塑料棚内定植4行，窄行距50cm，宽行距2m，边行距棚边1.5m，株距55～74cm，每667m^{2}栽苗700（大果）～800（小果）株。缓苗后中耕蹲苗，团棵期结合灌水追施出藤肥，每667m^{2}窝施尿素5～6kg，硫酸钾10kg。采用双蔓整枝。当幼果长至核桃大时追施1次膨瓜肥，浇1次膨瓜水，每667m²追施尿素10～15kg，硫酸钾10kg，结果期叶面喷施磷酸二氢钾或螯合微肥3～4次。

（2）第2茬玉米选用株形紧凑、中熟、高产品种，如农大108、浚单18等。于5月底在西瓜采收期按2m或1.5m行距点播4行或5行，每667m²留苗2500株。种玉米只为给西芹遮阴，不单独进行肥水管理。9月上旬打老叶，9月中旬适当早收。

（3）第3茬西芹选用高产、质嫩、味香的日本西芹，于5月上中旬育苗，干籽尽量落水播种，每667m²用种50g，全遮阳出苗。30d后分苗1次。7月下旬至8月初定植在玉米行间，利用玉米遮阳，促进缓苗生长，行距23.3cm，每2行玉米之间栽8行，株距20cm，每667m²栽苗1.2万～1.3万株。西芹定植前，结合整地每667m²施腐熟的有机肥5000kg；缓苗后保持地面见干见湿；叶部旺盛生长期经常保持地面湿润，隔一水冲施一次化肥，每次每667m²施尿素10kg或碳酸氢铵25kg。采收前半个月停止施肥。

六、早春茬黄瓜复种秋延后番茄

1.适宜地区

土壤肥沃、地势平坦、灌溉条件优越，产地环境符合无公害标准的地区。

2.产量指标

黄瓜每667m²产量4000～5000kg；番茄每667m²产量4000～4500kg。

3.技术要点

（1）第1茬黄瓜选用早熟、耐低温、弱光性强的杂种一代，如津绿3号、津优3号等。元月下旬在温室或加温阳畦内用营养钵育苗，苗出齐后及时降低夜温，以防幼苗徒长，最低温度宜保持在10℃左右。3月上中旬定植在6m宽的大棚内，每棚做5条小高垄，覆盖地膜，栽10行黄瓜，行距40～45cm，株距26～27cm，每667m²栽苗4000～4200株。

（2）第2茬番茄选用天福501、冬圣、金棚超冠等优质、抗病、高产品种，每株留3～4穗果打顶，进行高架矮作。如果是高度2.5m以上的大棚，还可选用圣女、金珠、千禧等小番茄品种，不摘心。6月上中旬用"划格点播法"育苗，遮阳防雨，不分苗。7月上中旬定植在大棚内，行距同前茬黄瓜，株距37cm，每667m²栽苗3000株。定植后要遮阳防雨，加大通风，9月份逐渐减少通风，10月份注意保温，棚内温度白天保持在20～25℃，夜晚不低于10℃。可延迟采收期至11月下旬。

（3）黄瓜定植后少浇多锄；营养生长期适量施氮，见干见湿；坐果期控制水分；根瓜膨大后要加强肥水管理，但宜小水勤灌。番茄营养生长期适量施氮，见干见湿；坐果期控制水分；第1穗果膨大后要加强肥水管理，见干见湿，氮磷配合，"少吃多餐"。

七、大中棚西瓜复种菜椒

1.适宜地区

土壤肥沃、灌溉条件良好的关中地区。

2.产量指标

西瓜每667m²产量4500～5000kg，菜椒每667m²产量1200～1500kg。

3.种植模式

大棚宽12m，高2.2m，长60～100m；中棚宽4m，高1.5m，长50～70m。西瓜株距0.5～0.8m，行距1.5m，每667m²栽500～900株（早熟品种宜密植，晚熟品种宜稀植）。菜椒株距0.33m，行距0.5～0.58m，每667m²栽3500～4000株。

4.技术要点

（1）品种选择　西瓜宜选择早、中熟，抗病抗逆性强的品种，如西农八号、丰抗八号、双抗巨龙、郑抗6号、郑抗7号、蜜农佳龙、碾丰十号等。菜椒宜选择中椒六号、抗病六号、中信椒六、湘研13号等。

（2）培育壮苗　西瓜一般在简易加温温室内育苗。播前，先晒种1～2d，再用55℃温水温汤烫种10～15min，浸种6h。浸种中，每隔2h搓洗冲净种子表面的黏液1次；最后在25～30℃下催芽，80%露白即可播种。菜椒采用覆地膜保湿、挂遮阳网遮阳育苗，菜椒种子经过1～2d晒种、50～55℃温汤烫种后，冲洗干净，划格点播或直接撒播育苗，大棚西瓜一般在元月中旬播种；中棚西瓜一般在2月中上旬播种。菜椒播期在6月25日至7月5日之间为宜。西瓜播种后，及时加温，使温室内温度白天维持在28～30℃，夜间18～20℃；出苗后，白天22℃左右，夜间15～18℃。菜椒播种后，白天将床温控制在25～30℃，夜间22～25℃；出苗后，及时间苗、除草，防止徒长。

（3）适时定植　3月上旬定植西瓜；8月初定植菜椒。

（4）田间管理。

温度管理：西瓜定植后，棚内温度白天保持28～32℃，夜间12～18℃；开花期温度白天25～35℃，夜间20℃以上。大辣椒定植后，一般不扣膜，可使用遮阳网遮阳；外界气温下降到15℃以下时将棚膜压严，扣膜后，棚室温度白天在20～28℃，夜间在15℃以上为宜。

水肥管理：西瓜在缓苗后再浇伸蔓水，大辣椒定植后立即浇水，整个生长期，二者湿度都应控制在60%左右，湿度过大过小都不利于生长；缓苗后逐渐加大通风口大小和延长通风时间，坚持白天开，下午关，膨瓜后期要进行全天昼夜通风，大辣椒则正好相反，通风应由大逐渐变小。西瓜在定植前，每667m²施入腐熟的优质农家肥5000kg、过磷酸钙50kg、尿素25kg，伸蔓前和膨瓜期每667m²追施碳酸氢铵50kg、硫酸钾25kg；菜椒定植前每667m²施优质农家肥2500kg、磷酸二铵25～30kg、硫酸钾10～15kg，门椒坐果后，结合灌水每667m²追施尿素10～15kg、硫酸钾5～10kg，整个生长期叶面可喷0.3%的磷酸二氢钾溶液2～3次。

整枝打叉：西瓜采用一主二副的三蔓整枝，和一主三副的四蔓整枝，其余侧蔓全部摘除；大辣椒整枝可摘除顶尖，控制旺长，打掉后期徒长枝和摘除病果。

（5）及时采收　西瓜一般于5月底至6月中旬成熟，成熟后及时上市。大辣椒一般于11月上旬开始采收，当棚内温度降至7～8℃前全部采收，收后分级用保鲜袋贮存，延长供应期，以提高效益，增加收入。

八、大棚早春西瓜复种秋芹菜复种越冬莴笋

1.茬口安排

西瓜12月中上旬播种，12月底至翌年1月初嫁接，2月中下旬定植，6月上中旬采收结束。芹菜5月中下旬育苗，7月底8月初定植，10月下旬采收结束。莴笋9月底至10月初育苗，11月中旬定植，翌年3月上中旬上市。

2.产量指标

西瓜平均每667m²产量3500～4000kg，产值1万～1.2万元；芹菜平均每667m²产量5000kg，产值0.6万～0.8万元；莴笋平均每667m²产量3000～3500kg，产值0.5万～0.6万元；三茬总产值2.1万～2.6万元。

3.栽培技术要点

（1）早春茬西瓜。

①选用抗病品种。选择早熟、优质，再生能力强、易坐果、抗病、高产的品种，如极品京欣、红双喜、秦冠先锋、墨童、8424等。砧木品种选择适合大棚西瓜嫁接的砧木品种，以葫芦南砧2号、南瓜长白大板为宜。

②培育壮苗。采用穴盘育苗，苗床采用电热加温。提前播种葫芦砧木，待葫芦苗出齐后再播种西瓜。播前用55℃温汤浸种催芽，待种芽长0.5cm左右时播于育苗盘内，种子应平放，上盖1.5cm厚营养土。出苗前苗床温度保持25～30℃，出苗到心叶长出要求低温管理，床内气温白天为22～25℃，夜间为14～15℃；心叶长出到定植前7～10d，苗床白天气温为25～28℃，夜间为15～18℃。

③整地定植。每667m²施腐熟的堆肥3000kg、复合肥50kg，条施或撒施；2月底按株距60～80cm、行距180～200cm定植，每667m²栽550～650株。

④田间管理。定植1周后施伸蔓肥，以氮肥为主，随水追施复合肥15kg；坐果1周

后施膨瓜肥，以磷、钾肥为主，随水追施二铵15kg、硫酸钾5kg、尿素10kg。采取三蔓整枝，优先选留主蔓上第二、第三雌花结的瓜，同时在侧蔓上再选花期相近的雌花留预备瓜，待幼瓜鸡蛋大时可定瓜，二茬瓜在头茬瓜接近成熟时选留。

（2）秋茬芹菜。

①选用抗病品种。选用高产、优质、耐贮运的抗病品种，如美国文图拉、加洲王等。

②培育壮苗。播前苗床浇足底水，水渗下后用营养土填平床面后播种。将经过浸种催芽的种子和细沙混匀后撒播，播种后上覆用50%多菌灵可湿性粉剂配制的药土0.5cm厚。苗床上覆盖薄膜、草帘或遮阳网，以保湿、降温、防暴雨冲刷。待70%的幼苗顶土时撤除床面覆盖物，以后小水勤浇，保持苗床表土湿润。1～2叶期间苗，苗距1～1.5cm；3～4叶期分苗，苗距6～8cm。分苗后幼苗4～5片真叶时，随水冲施速效氮肥1～2次，每次每667m²冲施尿素5kg。当幼苗5～6片真叶、高15～20cm时及时定植。

③整地定植。结合整地每667m²施腐熟的有机肥5000kg或消毒干鸡粪1000kg、三元复合肥50kg、硼肥0.5kg。8月上旬按株行距10cm×10cm单株栽植。

④田间管理。定植后立即浇水，2～3d后再浇1次，促进缓苗。缓苗后适当控水，蹲苗7～10d，然后每667m²随水追施碳酸氢铵20kg。定植1个月后肥水齐攻，结合浇水每667m²追施碳酸氢铵20kg、硫酸钾10kg，10～15d后再追肥1次。芹菜追肥忌用尿素，以免影响品质和产量。

（3）越冬莴笋。

①选用抗病品种。选择品质好、耐寒力强、低温下肉质茎膨大快的莴笋品种，如寒冬2号、寒冬红、红梅1号等。

②培育壮苗。苗床建在排灌方便、富含有机质、保肥保水性良好的地块。床内施充分腐熟过筛的有机肥，与畦土掺匀整细，浇足底水。待水渗下后将催好芽的种子拌少量沙均匀撒播于苗床，上覆盖1～2mm细土。每667m²用种50g左右，约需苗床66.7m²。播后到出苗前保持土壤湿润，齐苗后控水。幼苗长到2片真叶时按4～5cm苗距间苗，促幼苗生长健壮。幼苗长到4～6片真叶、苗龄45d左右即可定植。

③整地定植。结合整地每667m²施腐熟的有机肥3000kg、磷肥50kg、钾肥20kg、尿素20kg，东西向整高垄。选择叶片肥厚、平展的壮苗定植。株行距30cm×40cn，每667m²栽6500株，栽时将幼苗叶片撮合在一起以保护生长点，栽植要稍深，栽后将土压紧压实，使根部与土密接。

④田间管理。浇足定植水，1周后再浇1次缓苗水，以促缓苗，以后加强中耕蹲苗，控制土壤湿度，保证安全越冬。开始返青时以控为主，少浇水，多中耕。随水每667m²冲施复合肥20kg；"团棵"时再施1次速效氮肥。当第二叶环形成，心叶与莲座

叶平头时茎部开始肥大，应浇水并施速效氮肥、钾肥，由控转促。茎部肥大期地面保持见干见湿，均匀供水，追肥少量多次，以免茎部裂口，影响产量和品质。

九、绿叶菜周年生产模式

目前市场上比较常见的绿叶菜有菠菜、茼蒿、芹菜、韭菜、生菜、小青菜、蕹菜（空心菜）、芫荽（香菜）、落葵（木耳菜）、叶用芥菜（雪里蕻）、荠菜、苋菜、茴香、菜心、豌豆苗等，主要以鲜嫩的绿叶、叶柄、嫩茎为产品的速生蔬菜。由于生长周期短、栽培技术简单、投资少见效快，可四季种植，全年均衡供应，且营养丰富、品种繁多，深受生产者和消费者青睐。其日光温室及大中棚栽培技术要点如下：

1. 茬口安排

绿叶菜可周年种植，陕西关中地区露地全年可种植5～7茬，日光温室和塑料大中棚全年可种植8～10茬。日光温室及大中棚栽培，主要茬口安排为1月上旬播种，2月下旬至3月上旬上市；3月下旬播种，5月上旬采收；5月中下旬播种，6月下旬上市；7月上旬播种，7月下旬收获；8月上中旬播种，9中下旬采收；10月上旬播种，翌年1月上旬上市。

2. 品种选择

选用优质、高产、抗病、符合市场需求的季节专用叶菜品种。春茬选用耐低温、耐抽薹品种；夏茬选用耐热、无干烧心、不易拔节、耐高湿品种；秋冬茬选用耐寒、耐抽薹、长势强品种。种子质量、纯度、净度应符合国家种子质量标准。

3. 整地做畦

播种前5～10d，清洁田园，每667m²均匀撒施优质商品有机肥400～600kg、生物菌肥60kg、三元复合肥（N：P_2O_5：K_2O=18：18：18）40kg作基肥。机械翻耕20～30cm，整平耙细，确保排灌水通畅。做成宽2m的平畦。

4. 播种

将种子均匀撒播于畦面，播后浅耙，浇透水，一般每667m²用种量小青菜0.5～0.8kg、茼蒿1～1.5kg、菠菜1.5～2kg，等等。

5. 田间管理

（1）浇水。播种时浇透水，出苗前尽量不浇水，防止土壤板结或冲掉盖土使种子外漏，影响出苗。出苗后保持土壤湿润、见干见湿、忌过干过湿。夏秋季选早晚浇水，冬春季选晴天中午浇水，宜小水勤浇，切忌大水漫灌。采收前7d停止浇水。

（2）追肥。追肥以氮肥、钙肥为主，辅以磷酸二氢钾等叶面肥。出苗2周后，结合浇水每667m²追施三元素复合肥（N：P_2O_5：K_2O=22：5：8）10kg或尿素15kg，有滴灌或喷灌等水肥一体化设施的，每667m²每次追施高氮全水溶性肥5～10kg，每茬追肥2

次，间隔7～10d施1次。夏茬天气潮湿闷热时，追肥不宜过多，否则易诱发软腐病等病害造成腐烂。

（3）间苗除草。播种前每667m²用60%丁草胺100mL，兑水40～50kg，均匀喷雾畦面封密杂草，然后播种浇透水。出苗后结合间苗拔除田间杂草。株高10 cm时第 1次间苗，间除过密苗、弱苗，以后根据植株长势及时间苗。

（4）夏季遮阳降温。夏茬叶菜栽培正处于高温干旱季节，播种后要及时搭建遮阳网，降温保湿和防暴雨冲刷。出苗前要覆盖遮阳网，齐苗后可逐渐揭去遮阳网。

（5）冬季保温补光。采用日光温室棚膜外覆盖保温被或防寒膜、塑料大棚内搭建小拱棚等多层覆盖保温；寒潮降温天气适当晚揭早盖保温被，缩小通风口和减少通风时间；提前备好植物生长增温灯、增温燃料块等辅助增温设施。选用长寿无滴耐老化棚膜，及时清理棚膜上的雾滴、灰尘，保证棚膜的透光性；持续阴雨雪天气，配套植物生长补光灯、农艺钠灯等补光设备，必要时进行适当补光。

6.病虫害防治

（1）农业措施。选用抗逆性强、抗病虫品种；合理轮作；前茬收获后要彻底清洁田园；深翻土壤，增施腐熟的有机肥；合理密植，科学管控肥水，培育健壮植株，提高植株免疫力。

（2）物理措施。棚室入口和通风口设置防虫网；利用黄板诱杀粉虱、蚜虫、黄曲条跳甲，蓝板诱杀蓟马，以及杀虫灯诱杀害虫。

（3）生物措施。利用信息素光源诱捕器+性诱剂诱捕小菜蛾、斜纹夜蛾等鳞翅目害虫；释放异色瓢虫、草蛉等天敌防治蚜虫；释放斯氏钝绥螨、丽蚜小蜂等天敌防治粉虱。软腐病可用6%寡糖·链蛋白（阿泰灵）防治，安全间隔期7d；霜霉病可用80%乙蒜素防治，安全间隔期7d。小菜蛾、菜青虫、黄曲条跳甲等害虫，每667m²用苦参印楝素80mL，安全间隔期5d；斜纹夜蛾每667m²用斜纹夜蛾核型多角体病毒60g，安全间隔期7d，每茬叶菜使用次数不超过2次。

（4）化学药剂防治。作物发病初期和害虫幼龄期，可利用高效、低毒、低残留、广谱性化学农药防治病虫害，严格按照药剂使用说明进行施药，注意用药间隔期。灰霉病、病毒病、霜霉病等病害，可选用50%氯溴异氰尿酸、吡唑醚菌酯、10%苯醚甲环唑等喷雾防治。小菜蛾、菜青虫、蚜虫、黄曲条跳甲、蜗牛等虫害，可选用25%噻虫嗪、2.5%高效氯氟氰菊酯、22.4%螺虫乙酯、5%啶虫脒等喷雾防治。

7.采收

（1）采收时间。绿叶菜株高15cm、7～10叶时，根据植株生长和市场需求采收上市，一般夏茬播种后30d左右采收、秋茬播种后30～45d采收、冬春茬播种后60d左右采收。采收时可根据需要一次性全部采收，也可先大苗后小苗分批采收。

（2）采后处理。采收后及时摘掉外层黄叶、病叶、老根，剔除过小植株，用清水将泥土冲洗干净，扎把码放在筐箱或塑料袋内，覆盖一层潮湿软布或纸，放置于阴凉通风处，防止萎蔫发黄，有条件的将产品置于1～3℃冷藏库中预冷1～2h后加入冰块，利用冷链运输车及时运送至销售点上市。

第三章 培育无病虫壮苗

工厂化、规模化集中育苗，是蔬菜育苗发展的方向，有利于蔬菜生产的集约化、专业化、商品化，有利于促进蔬菜产业的标准化进程。目前菜农传统的土床自育自用等分散育苗方式，往往存在苗床设施简陋、育苗规模太小、环境难以控制、抗灾能力较差、操作工序繁杂、育苗技术欠缺、秧苗成本偏高等问题；另外单家独户式的育苗方式，对于蔬菜茬口多、种类多、品种繁杂的特点，农户自己很难抉择，影响蔬菜新优品种的推广。集约化培育壮苗，一方面利用工厂化育苗中心、专业化育苗点等先进的育苗设施，引进优良品种，进行大规模集中育苗，探索立体育苗方式，创新系列嫁接技术，科学调控棚室环境；另一方面成立育苗联盟组织，组建育苗体系，探索高效运作模式，为育苗机构（农户、企业、合作社）的协作共赢创造条件，为育苗业的健康可持续发展奠定基础。

第一节 育苗方式

蔬菜育苗方式，按育苗场所和条件可分为设施育苗和露地育苗；按育苗基质可分为床土育苗和无土育苗；按所用繁殖材料可分为种子育苗、扦插育苗、组培育苗、嫁接育苗；按采用的护根方法可分为营养土块育苗、纸筒育苗、营养钵育苗、穴盘育苗；按育苗的设备与集约化水平可分为常规育苗、机械化育苗、工厂化育苗等。生产中往往是几种育苗方式相互兼容或结合。

一、露地育苗

在露地作育苗床，利用自然的温度、光照等条件进行育苗，一般是为了调节前后茬蔬菜争时争地的矛盾，对后茬蔬菜进行露地育苗，另外有些蔬菜如洋葱、大葱、芹菜等，因苗期占地时间较长，为了节约占地时间，并便于集中管理，也可采用露地育苗。

日光温室秋冬茬和塑料大中棚秋延茬蔬菜栽培，育苗时期处于夏季高温季节，需采用露地遮阴防雨育苗。

二、设施育苗

设施育苗指当外界气候条件不适宜蔬菜幼苗生长发育时，采用具有保温防寒、人工加温设施或遮阳降温设施的育苗方式，主要为春季露地生产、早春或冬季设施蔬菜或越夏栽培，培育秧苗，既可以提早播种、延长生育期、提早成熟，又能提高产量。如利用阳畦、温床、塑料拱棚、温室等育苗设施，都属于保护地育苗。

1.阳畦育苗

阳畦又叫冷床，是利用太阳光的热能来提高畦温的一种保护栽培形式，可分为单斜面、双斜面、半拱单斜面、改良式阳畦、小拱棚5种形式。我国北方以单斜面和半拱单斜面为主，小拱棚多在天气转暖后作为分苗畦用。选择背风向阳、排灌方便的地块，按东西方向挖土打墙，一般北墙高出畦面40～50cm，南墙高出畦面10～12cm，畦面宽1.2～1.5m，长15～20m。

2.温床育苗

（1）火炕温床　在育苗床底层挖通热道，前与火炉相连，后与烟囱接通，烟火通道沟上覆盖弧瓦，再覆15～20cm厚营养土，利用煤、树枝、作物秸秆等燃烧，烟火经过通道提高床土温度进行育苗。适用于育苗期短的瓜类、豆类蔬菜育苗。

（2）酿热温床　在育苗床内挖床坑，填厩肥、稻草或其他作物秸秆等酿热物，通过发酵分解放出的热能，提高床土温度进行育苗。酿热物填充多，较高的床温维持时间长；前期床温较高，后期床温较低，常利用床温较高的阶段播种，加快出苗速度。一般南墙根挖深50cm，北墙根挖深30cm，使温床底面呈弧形。酿热物以骡马粪、鸡粪、羊粪为最好，其次是碎草、树叶、杂草和农作物秸秆等。

（3）电热温床　在阳畦内铺设电加温线，通电后发出热量提高苗床温度进行育苗。床土升温快，均匀稳定，易于灵活调节畦温；幼苗出土快而均匀，生长健壮，病害较轻，经济实用，是目前国内大力推广的一项先进育苗方式。一般挖土15cm，在温床底部填10～12cm厚碎草等隔热物，踏实再填土3～4cm，耙平铺线，线铺好后填土10cm耙平。

3.拱棚育苗

拱棚利用太阳照射增加棚内温度，以及塑料薄膜的保温性能，维持棚内温度，进行春季瓜类、茄果类、豆类等蔬菜育苗。不同地区采用不同方法，北方高寒地区可在大棚中再建造阳畦或铺设电热线；黄河流域、长江流域气候较暖和，多在棚内再搭设小拱棚，夜间小拱棚上再覆盖草帘、保温被等保温物；华北南部，大棚内一般只进行分苗前的育苗，分苗后多移入露地阳畦中。

4.温室育苗

温室采光保温性能良好，必要时可以人工加温，能满足幼苗生长所需的环境条件，幼苗生长速度快、苗龄短、秧苗素质高，而且便于操作管理，是保护地育苗的最好方式，适于早春喜温性茄果类。瓜类蔬菜的育苗。

三、无土育苗

无土育苗指不用常规的床土，利用人工配制的基质或营养液供给幼苗生长所需的营养，可分为固体基质育苗法和完全不用固体基质的水培育苗法2种，以固体基质育苗法应用较多。固体基质可用草炭、蛭石、熏炭、炉渣等配制，也可用商品化育苗基质。无土育苗的优点是可以减少土壤传染性病害及虫害；基质重量轻，便于搬运和长途运输，有利于实行机械化操作和自动化管理，适于工厂化育苗；由于综合条件的改变，播种后出苗快，出苗整齐，出苗率高，秧苗根系发达，移植时伤根少，缓苗快，苗龄也大为缩短。

四、集约化育苗

在人工创造的优良环境条件下，采用标准化技术措施以及机械化、自动化手段，快速而又稳定地成批生产优质秧苗的育苗方式。工厂化育苗是育苗的高级方式，在连栋温室中，配备锅炉、湿帘、遮阳网、标准苗床等设备，形成对温度、湿度、水肥、二氧化碳能自动调节的一种育苗方式，由于采用了人工智能系统，可实现周年育苗，适宜规模化、多批次育苗。它将保护地育苗、无土育苗、穴盘育苗、机械化育苗等育苗方式融为一体，是蔬菜育苗的发展方向。育苗流程是：育苗基质（草炭、蛭石等）混合、搅拌和装盘；育苗盘经洒水、播放种子、覆盖基质、再洒水等工序完成播种；运至恒温、恒湿的催芽室催芽出苗；当80%～90%的苗出土时，将苗盘运至绿化间（温室或大棚）的苗盘架上绿化生长，培育成苗。集约育苗操作方便，管理简单，成本较低；设施防护好，抗灾能力强；苗子紧凑，规格统一，易于包装，方便运输；秧苗的质量高，苗子根系发达，苗壮苗齐；带基质移栽不经缓苗，成活率高，生长快速，早熟丰产；秧苗健壮无病虫，减少了土传病害的传播。

第二节　育苗技术

一、种子处理

1.精选种子

挑选籽粒饱满、无破碎、无霉变、无病虫伤害的种子，于播种前在阳光下暴晒

1～2d，可杀死种子表面的病菌，并能提高种子的生活力和发芽势。

2.测定发芽率

取出一定数量种子浸泡1～2d，捞出后放入垫有湿滤纸的培养皿或容器，置于25～30℃恒温箱或保温条件下，待发芽时计算种子发芽率。也可将种子先用温水浸泡6～8h，剥去种皮后浸于5%的红墨水中，在室温条件放置10min，未着色的种子具有生命力，全着色或胚部着色的种子是已失去生命力的种子，据未着色种子计算出种子发芽百分率。一般发芽率在95%以上为优质种子，发芽率不足60%的种子一般不能用于播种。

3.种子消毒

（1）物理方法 将种子用清水多次淋洗、揉搓，使种子表面黏附的各种病原物随水冲掉；用14%～20%食盐水或20%～30%硫酸铵水洗涤漂选后，用清水冲洗干净；在70～75℃的温度条件下，对种子进行干热处理，处理时间一般番茄2～3d、黄瓜2d、西瓜2～3d；热水烫种，水温55～60℃，热水用量是种子体积的5～6倍，烫种时保持恒温20～30min并不断搅拌。

（2）化学方法 先将种子用清水浸泡1～2h，再将种子用40%甲醛100倍液、1%硫酸铜、1%高锰酸钾水溶液、50%多菌灵500倍液等浸种10～15min，捞出用清水冲洗干净，再进行浸种。也可用敌克松、多菌灵、克菌丹、40%拌种霜等药剂拌种，用药量为种子重量的0.1%～0.5%。

4.浸种催芽

（1）浸种 浸种用的水温高低根据种皮薄厚、种子结构、杀菌要求等决定，浸种时间长短主要决定于种子的吸水量和吸水速度，并与水温、种子成熟度和饱满度有关。对一些种皮薄、吸水快的蔬菜种子，多用55℃的温水浸种5min，至水温降到30℃后在室温下浸种5～8h；对于种皮较厚、质地较硬的种子，如西瓜、冬瓜等可用70～80℃的热水烫种5min，并不断搅拌，然后浇入凉水使水温迅速降至25～30℃，进行普通浸种。

表3-1 常见蔬菜浸种时间、催芽温度与时间

蔬菜种类	浸种时间/h	催芽温度/℃	催芽时间/d
黄瓜	4～6	25～30	1～1.5
南瓜	6	25～30	2～3
西葫芦	4～6	25～30	2～3
茄子	12～24	30	5～6
辣椒	12～24	25～30	5～6
番茄	6～8	25～28	2～3
甘蓝	2～4	18～20	1.5
芹菜	36～48	20～22	5～7
黑籽南瓜	8～12	28～32	2～3

（2）催芽 将吸水膨胀的种子沥干水分，用透气性好的纱布包裹，放在20～25℃温度条件下催芽。催芽期间每天用25～30℃温水淘洗种子2～3次，并在淘洗过程中翻倒种子，使其获得足够的氧气，60%～70%的种子露芽后及时播种。催芽时十字花科蔬菜种子小，以胚根突破种皮为宜；茄果类蔬菜露芽以不超过种子长度为宜；瓜类蔬菜种子可催短芽，也可催1cm长芽。

（3）变温处理 把将要发芽的种子每天在1～5℃的低温下放置12～18h，再移入18～22℃的环境中放6～12h，反复处理3～4次，可增强秧苗的抗寒力，加快生长发育。

（4）微量元素处理 用0.5%～0.7%的硼酸、硫酸锰、硫酸锌、钼酸铵水溶液，浸泡黄瓜、甜椒种子12～18h；用0.7%～1%的上述溶液浸泡番茄、茄子种子6～10h，可促进种子发芽，加速幼苗生长。

二、常规育苗技术

（一）营养土配制和消毒

1.营养土配制

（1）营养土要求 含有丰富的有机质，营养成分完全，具有氮、磷、钾、钙等主要元素及必要的微量元素；理化性质良好；兼具蓄肥、保水、透气3种性能；微酸性或中性，pH值以6.5～7为宜；洁净卫生，没有污染，无病菌虫卵及杂草种子。

（2）营养土材料 园田土选用时一般不用同科蔬菜地的土壤，以种过豆类、葱蒜类蔬菜的土壤为好；有机肥必须是经过充分腐熟的猪粪、河泥、厩肥、草木灰、人粪尿等，其含量应占培养土的30%～40%；炭化谷壳或草木灰，其含量可占培养土的20%～30%；果菜类蔬菜育苗营养土配制时，最好每1m³再加入0.5～1kg过磷酸钙，增加钙和磷的含量。

（3）营养土配方

①播种床土 菜园土：有机肥：砻糠灰=5：（1～2）：（3～4）；菜园土：河塘泥：有机肥：砻糠灰=4：2：3：1；菜园土：煤渣：有机肥=1：1：1。

②移苗床土 菜园土：有机肥：砻糠灰=5：（2～3）：（2～3）；菜园土：河泥：砻糠灰=6：3：1（加三元复合肥、过磷酸钙各0.5%）；菜园土：猪牛粪：砻糠灰=4：5：1；菜园土：牛马粪：稻壳=1：1：1（黄瓜、辣椒）。腐熟草炭：菜园土=1：1（结球甘蓝）；腐熟有机堆肥：菜园土=4：1（甘蓝、茄果类）；菜园土：沙子：腐熟树皮堆肥=5：3：2。

（4）配制方法 配制时将所有材料充分搅拌均匀，并用药剂消毒，在播种前15d左右，翻开营养土堆，过筛后调节土壤pH值至6.5～7，若偏酸性，可用石灰调整；若偏碱性，可用稀盐酸中和。土质过于疏松，可增加牛粪或黏土；过于黏重或有机质含量极低，应掺入有机堆肥、锯末等，然后铺于苗床或装于营养钵中。

2.营养土消毒

每1000kg营养土，用40%的福尔马林250g，对水60kg喷洒搅拌均匀后堆放，用塑料薄膜覆盖24h，揭开薄膜10～15d即可播种，适用于小粒蔬菜种子的播种；每1m²苗床用50%的多菌灵8～10g与适量细土混匀，取2/3撒于床面作垫土，1/3于播种后混入覆土中，能够迅速杀灭土壤中的病原菌，促进蔬菜种子发芽；用70%的敌克松药粉0.5kg拌细土20kg，混匀后撒在营养土表面，防治苗期猝倒病效果显著；用25%的瑞毒霉50g对水50kg，混匀后喷洒营养土1000kg，边喷洒边搅拌，堆积1h后摊在苗床上即可播种，适用于蔬菜大粒蔬菜种子的播种育苗。

（二）保护根系的措施

为了保证秧苗定植时不伤根或少伤根，栽后缓苗快，利于早熟高产，应采用保护根系的育苗措施。护根措施有营养土块、纸钵、塑料钵、穴盘等。

1.营养土块

将培养土直接铺入准备好的苗床内，刮平、踩实，厚度为10～12cm，然后浇透水，待水渗完后，划切成8～12cm的方格。如果用作分苗床时，还须用粗2～3cm的锥形木棒，在每个土块上部中心戳一深2～3cm的洞，以便栽苗。

2.纸钵

常用的制作方法是先制作一个两端开口的圆筒形模具，高12～14cm，口径8～12cm；将旧报纸裁成长度大于模具周长约2cm、宽度大于纸钵计划高度约4cm的长方形。制作时先用裁好的旧报纸卷上模具周围并将底部向筒内折起，再从模具上口装入培养土至与模具上口齐平，然后排入苗床内，抽出模具。

3.塑料钵

塑料钵是采用聚乙烯原料制作的，使用方便，护根效果好，且可多次使用。一般上口大，底部小，底部具有多个通水孔。

4.穴盘

把许多呈上大下小的倒锥状的塑料苗钵连接成一个整体，材质为聚苯乙烯，规格为长54cm，宽28cm，穴孔深度视孔大小而异。穴盘一般用于基质无土育苗，便于搬运。

（三）苗床播种

1.播期确定

根据当地气候条件、蔬菜种类、品种特性、苗床设施、育苗技术以及栽培茬口安排模式等确定适宜的播种期。确定设施蔬菜播种期，应使各茬蔬菜的采收初盛期恰好处于该蔬菜的盛销高价始期，因此必须对市场需求有充分了解，并根据蔬菜生育进程，从采收初盛期往回推算播种期。种植模式不同或不同熟期的蔬菜作物，从播种到采收初期所需天数不同，一般黄瓜中熟品种为100d，菜椒中熟品种为130d，番茄中熟品种为125d，苦瓜中熟品种为130d；同一种蔬菜作物早熟品种延迟5天，晚熟品种提前5d；同一品种因育苗方法及栽培茬次不同，从播种到采收初期的天数也不同，秋冬茬栽培育苗期在夏季，需延迟7～10d，冬春茬栽培育苗期在严冬，需提前7～10d。

2.播量确定

播种时一定要注意适当的播种量，播量过大，苗纤细，易徒长，播种量不足浪费地力，播种量的多少还要考虑到种子质量的好坏，发芽率高、净度高的可适当少播，反之要适当多播一些。

表3-2　主要蔬菜种子的参考播种量

种类	粒数/g	苗株数/m²	温床播种量/（g/m²）	冷床播种量/（g/m²）
黄瓜	30～40	120	3～5	4～5
番茄	300～350	2200～2600	8～12	10～15
茄子	200～260	2200～2600	15～20	20～25
辣椒	150～200	2300～2700	16～22	20～25
结球甘蓝	250～350	800～1000	4～5	5～6

3.播种方法

播种要在天气晴稳时进行，以保证播后能有几个晴天，有利于幼苗出土。在整平的床面上浇足底水，用温室育苗的，水量要大于阳畦育苗；电热温床蒸发量大，水量要更大一些。具体的底水量依苗床种类、播种作物和播种季节而不同，一般早春冷床播种时，底水的渗水层深度约为8～10cm。

底水下渗后，在畦面撒一薄层过筛的培养土，防止播种时泥浆粘住种子，影响出芽，并使播后的覆土不直接与湿土接触，防止土面干裂。为了预防苗期病害，覆盖的细土可配制一部分混入杀菌剂的药土，混合比例为1份药剂加100份细土，然后播放种子。播种时小粒种子一般用撒播法，大粒种子则常用点播法，过于细小的种子为保证出苗均匀，可混拌细沙播。播后覆土厚度一般为种子厚度的3～5倍，番茄、辣椒、茄子覆土厚度0.7～1cm，黄瓜1～1.5cm，西葫芦2cm。覆土要及时、均匀，防止晒芽或冻芽，覆土后立即封床保温，使床温迅速升高，夜间加盖覆盖物防寒。

三、穴盘育苗技术

穴盘育苗是以草炭、蛭石等轻基质材料作育苗基质，采用精量播种，一次成苗的育苗方法。由于这种育苗方式选用的苗盘是分格室的，播种时1穴1粒，成苗时1室1株，并且成株苗的根系与基质能够相互缠绕在一起，根坨呈上大下小的塞子形，起苗时不伤根，且便于定植，具有节省用工、减轻劳动强度、缓苗期短、苗壮促早发等效果。

1.技术特征

（1）一次成苗　穴盘育苗采用人工单粒播种或小苗分栽，也可以机械自动化精量播种，或用手动气吸式精量播种机播种，育苗期间不用分苗而一次成苗，育苗期较短，成苗质量高。

（2）专用穴盘　由聚苯乙烯制成，把多个塑料苗钵连接成一个整体，一般规格为长54cm，宽28cm。根据穴孔数量和孔径大小不同，分为50孔、72孔、128孔、200孔等规格。

（3）有机基质　用草炭、蛭石、珍珠岩等轻型基质，比重小，松散，保水透气性好；容器表面不黏结，容易从穴盘上脱下；容易配成适中的pH值；无病虫害毒源，减少育苗植物的染病机会。

（4）配套设施　现代新型的穴盘育苗，可与现代温室技术、无土栽培技术、机械自动化技术、微机管理技术等相配套，实施工厂化育苗。

2.技术要点

（1）穴盘选择　根据不同蔬菜的育苗特点选用穴盘，一般黄瓜、西瓜育苗可选用32孔或50孔穴盘；番茄、茄子、早熟甘蓝可选用72孔穴盘；青椒及中熟甘蓝可选用128孔穴盘；芹菜、油菜、生菜育苗大多选用288孔穴盘。

（2）穴盘消毒　穴盘可连续多年使用，在每次使用前先清除穴盘中的残留基质，用清水冲洗干净晾干，然后将苗盘放置在密闭的房间中，每1m³用硫黄粉4g、锯末8g，混合后分放在几个盘中点燃熏烟，密封1昼夜，以消灭穴盘上残留的病原菌和虫卵。

（3）基质配制　一般穴盘育苗基质多选用草炭、珍珠岩、蛭石，成本较高。商洛、宝鸡、蒲城等地，本着节本增效、便捷实用的原则，利用当地资源就地取材进行基质配方研究改进，将腐叶土、菇渣、药渣、酒渣等堆沤腐熟后，按比例自制基质。如蒲城县龙池恒绿基质配套厂生产的"富秦文俊"牌基质，利用当地前端产业的下脚料，变废为宝，研究新型环保可再生基质，成本低廉、利水保肥，效果很好，在保证秧苗养分充足、苗齐苗壮的前提下，可节约成本20%～25%，同时也保护了环境，使当地特色产业链条得到了延伸，实现了生态农业的良性循环，促进了农业的可持续发展。

表3-3　蔬菜常用育苗基质配方

基质原料	比例（V∶V）	备注
草炭土∶珍珠岩∶蛭石	3∶2∶1	
草炭土∶珍珠岩∶蛭石∶园土	4∶1∶2∶1	
炉渣∶腐熟药渣∶园土	2∶2∶1	
炉渣∶腐熟药渣	1∶2	
河沙∶园土∶腐熟药渣	1∶1∶1	
腐叶土∶草炭土∶蛭石	3∶2∶1	
河沙∶园土	1∶1	
腐熟药渣∶黏土	1∶2	
河沙∶黏土∶腐熟药渣	1∶1∶1	
河沙∶园土∶腐熟药渣	2∶2∶1	
草炭土∶蛭石∶酒渣∶煤渣	5∶2∶2∶1	

草炭应选用表层蜡质少，吸水性较好，pH值5.0左右；蛭石应选择粒径2～3mm，发泡好。草炭、蛭石按2∶1的比例混合，粉碎过筛，使用时再加入一定量的肥料作为营养元素；也可每1m³基质中加入三元复合肥2.5～3kg。有条件的可直接选购配制好的专用育苗基质。

表3-4　几种主要蔬菜穴盘育苗基质施肥量

作物	穴盘规格	草炭∶蛭石	基质中加入肥料/（g/盘）		
			尿素	磷酸二氢钾	消毒干鸡粪
番茄	72	2∶1	5	6	20
茄子	72	2∶1	6	8	40
青椒	128	2∶1	4	5	30
甘蓝	128	2∶1	5	3	15
芹菜	200	2∶1	2	2	10

（4）基质装盘及播种　先将基质拌匀，调节基质含水量至55%～60%。手工播种应首先把育苗基质装在穴盘内，刮除多余的基质，然后每穴打1个播种孔，催芽或干籽直播，单穴播种后覆盖较细的蛭石，用喷壶打透底水（水从穴盘底孔滴出），然后搭小拱棚保温保湿催芽，出苗后及时揭除覆盖物，通风透光。

（5）水分管理　水分管理是育苗成败的关键，整个育苗期间宜保持育苗穴盘见干见湿，秧苗不萎蔫，同时避免出现徒长，注意及时给幼苗补充营养，根据秧苗长势进行几次倒盘，以使秧苗生长均匀。

表3-5 苗期不同生育阶段的水分管理

作物	基质水分含量（最大持水量）/%		
	播种至出苗	子叶展开至2叶1心	3叶1心至定植
番茄	75～85	65～70	60～65
茄子	85～90	70～75	65～70
青椒	85～90	70～75	65～70
甘蓝	75～85	60～65	55～60
芹菜	85～90	75～80	70～75

四、嫁接育苗技术

将植物体的芽或枝（接穗）接到另一植物体（砧木）的适当部位，使两者接洽成一个新植物体的技术称嫁接，采用嫁接技术培育秧苗称嫁接育苗，主要用于黄瓜、西瓜、西葫芦、苦瓜、茄子、番茄等果菜类蔬菜。嫁接的原理是接穗和砧木的切口处细胞受切伤的刺激，形成层和薄壁细胞旺盛分裂，在接口处形成愈伤组织，使接穗和砧木结合生长，同时两者切口处输导组织的相邻细胞也分化形成同型组织，使输导组织相连，形成新个体。砧木吸收的养分及水分输送给接穗，接穗又把同化后的物质输送到砧木，形成共生关系。

嫁接育苗是冬春设施栽培中克服土传病害的有效方法，它具有抗病、抗寒、根系发达、不缓苗、成活率高、适应性强、增产显著、效益好等特点。生产中常用于瓜类及茄果类蔬菜的育苗，结合穴盘育苗，可一次性培育出大量整齐优质的种苗，而且运输方便，栽植简单。

1.砧木的选择

嫁接栽培能否达到抗病、抗逆、增产的效果，关键在于选好砧木。优良的嫁接砧木要求一是嫁接亲和力以及共生亲和力强，表现为嫁接后易成活，成活后长势强；二是对接穗的主防病害表现为高抗或免疫；三是嫁接后抗逆性增强，对接穗果实的品质无不良影响或不良影响小。常用蔬菜嫁接砧木多为野生种、半野生种或杂交种，它们具有生长势强，耐低温弱光等优良特性，因此栽培蔬菜可以利用其根系，能在低温条件下正常生长，达到提早上市、提高产量和增加效益的目的。目前黄瓜多用黑籽南瓜为砧木，西瓜多用瓠瓜、印度南瓜为砧木，甜瓜多以杂种南瓜为砧木，番茄、茄子均以其野生品种为砧木。

2.砧木和接穗的培养

砧木和接穗的播种期一般比不嫁接的自根苗提前5～8d，接穗撒播于疏松的培养土中，砧木可以撒播或点播于营养钵中。一般插接法需要的接穗最小，砧木需早播；其次是劈接法；再次是靠接法，需要较大的接穗，砧木可略晚播或与接穗同时播。如黄瓜采用靠接法先播种黄瓜（接穗）3～5d，然后再播种南瓜（砧木），选用生长高度接近的砧木和接穗幼苗进行嫁接。瓜类接穗一般培养至子叶展平，心叶显露，砧木苗子叶展平为宜；茄子接穗一般达3～4片真叶，砧木苗达5～6片真叶为宜。

3.嫁接育苗使用的设施设备

嫁接场所要求适宜的温度利于伤口愈合，一般以20～25℃为宜；为防止切削过程中幼苗失水萎蔫，空气湿度要达到饱和状态为宜；为防强光直晒幼苗导致萎蔫，嫁接场所应适当遮光；安静整洁无风的场所，不仅便于操作，也利于提高嫁接质量和嫁接效率。冬春季育苗多以育苗温室为嫁接场所，嫁接前浇水密闭，以提高空气湿度，嫁接时操作间的草帘放下，进行遮阴，也可在塑料大中棚内嫁接；夏季育苗，嫁接时应搭设遮阴、降温、防雨棚，棚架可利用温室或大中棚的骨架，覆盖废旧薄膜，膜上盖草帘遮阴，嫁接前几天浇水密闭，以提高空气湿度。

4.嫁接用具

切削工具多用刮须双面刀片，可将其沿中线折成两半，并截去两端无刀锋的部分；插孔工具为竹签，需自己用竹片削制，粗度与接穗茎粗相仿，长10cm左右，一端削成长1cm左右的双楔面；固定接口多用塑料嫁接夹；使用旧嫁接夹，应先用200倍福尔马林浸泡8h消毒，嫁接时手指、刀片、竹签应用棉球蘸70%酒精消毒，以免接口感染病菌；为提高工效，一般以小方桌作嫁接平台。

5.嫁接方法

（1）劈接法 也叫切接法，主要用于番茄、茄子，砧木和接穗要用相当大的苗，操作简便，成活率高。将接穗子叶节下2～3cm处的胚轴削成楔形，将砧木的真叶和生长点去掉后，用刀片从子叶间切开长约1cm的切口，然后将削好的接穗迅速插入砧木的切口，并用嫁接夹固定。嫁接后接穗的子叶在砧木的子叶之上，两种子叶相互交叉呈十字形。

（2）靠接法 又称舌接、舌靠接、靠插接，主要应用于黄瓜、网纹甜瓜和番茄。采用沙培育苗，嫁接时分别将接穗与砧木带根取出，注意保湿，用刀片先切除砧木真叶及生长点，在子叶节下0.5cm处的胚茎上，自上而下斜切一刀，切口角度30°～40°，长度0.5～0.7cm，深度约为胚茎粗的一半；接穗黄瓜苗在子叶节下1.5～2cm处，由下向上斜切至胚茎粗的2/3处，刀口长0.5～0.7cm，然后将削好的接穗切口插入砧木胚茎的切口内，使两者切口吻合在一起，用夹子固定好，使嫁接口紧密结合，然后将它们立即栽于育苗钵中，栽植时砧木的根在中央，接穗根与它距2～3cm，摆好位置后填土埋根，浇水后扣上小拱棚，盖上塑料薄膜，保持棚内较高的湿度。一般靠接10～15d后伤口即可愈合，此时接穗的第一片真叶已展开，在接口下1cm处用刀片或剪刀将接穗的胚茎剪断，在断根的前一天，最好用手把接穗胚茎的下部捏一下，破坏其维管束部分，可在断根的同时随手除去嫁接夹。

将刚露心的南瓜苗剔去生长点，在子叶下方0.5～1cm处呈35°～45°向下斜切，切口长1cm左右至胚轴的1/2处，黄瓜苗在子叶下方1.5～2cm处向上斜切，切口长1cm左右，深达胚轴的2/3处，之后将黄瓜苗和南瓜苗的切口部分吻合，使黄瓜子叶位于南瓜子叶上方，呈十字排列，接口处用塑料嫁接夹夹好，栽于VFT32的大孔穴盘中。栽苗水用多菌灵等药剂消毒，覆盖基质时不要埋住嫁接夹，及时遮阴。

（3）插接法　插接主要用于西瓜、黄瓜及网纹甜瓜，此法使用的育苗苗床面积较小，操作方便，直至成活前要遮光管理。将砧木的真叶和生长点用竹签去掉，然后用与接穗下胚轴粗细相当的带尖竹签，从一侧子叶的茎部向对侧子叶中脉基部的胚轴斜下方扎入，深约0.6cm，插入的竹签暂不抽出。然后在接穗幼苗子叶节下0.8～1cm处切断，并从两侧斜切成楔形，刀口长0.6cm，削好接穗后立即拔出竹签，将接穗插入插孔，并使接穗与砧木的子叶紧密交叉呈十字形。

应先播南瓜，后播黄瓜。南瓜直接播于VFT32的大孔穴盘中，黄瓜播于小孔盘或平盘中。黄瓜在南瓜出土时（即播后5～6d）播种，待南瓜苗高7～10cm长出真叶、下胚轴直径在0.5～0.6cm，黄瓜苗直径在0.3～0.4cm、真叶露心时嫁接。方法是先削去黑籽南瓜生长点和真叶，用一根比接穗胚轴稍粗的竹签削成竹签刀，将竹签刀从新叶处斜插入1cm左右深，并使砧木下胚轴表皮划出轻微裂口，然后将接穗斜削一刀，长度1cm左右，将接穗插入砧木，接穗创伤面和砧木大斜面相互密接即可，一般不用嫁接夹。

（4）双断根嫁接技术　砧木、接穗同时断根，即插接或靠接后的幼苗，切断根系，下端削成楔形插入穴盘基质中，重新生根发育。这种育苗技术具有操作简便、节约成本、苗子整齐、成活率高等优点。一是断根嫁接法新诱导的根系无主根，须根多。去掉了主根，削弱根系的顶端优势，增强了须根的活力；二是定植后缓苗快，幼苗的耐低温性能与前期的生长势明显表现较强，可克服葫芦砧木在低温下比黑籽南瓜前期发苗慢的缺点；三是吸肥水的能力与抗旱性明显强于传统嫁接苗，后期抗早衰，不易出现急性生理性凋萎，坐果数比传统嫁接苗多，单瓜重也较大；四是采用断根嫁接法可提高嫁接苗的成活率与一致性。由于砧木根系已断，嫁接伤口处的伤流液减少，腐烂现象少，因此，愈合好，成活率高。愈合处吻合好且平滑，不易出现疙瘩或小裂口，这也是断根嫁接法不易出现急性生理性凋萎病的主要原因之一。

（5）一砧两用嫁接技术　一棵砧木苗，从中截断，上半部分可用双断根技术嫁接育苗，下半部分通过插接接穗育苗，以育出2株以上嫁接苗。它是"双断根嫁接技术"的延伸和扩展，为种子稀缺不够、提高砧木利用率、降低成本，开辟了新的途径。它上部有子叶光合作用获取营养，下部有根系从土中吸取营养，均能保证接穗良好的营养生长条件。据统计，采用"一砧两用"嫁接技术，上半部分砧木嫁接成活率95%以上，下半部分砧木嫁接成活率80%，综合成活率87.5%。在亩产量与普通嫁接基本持平的前提下，可节约砧木成本（包括种子、基质、管理费等）40%左右，同时缩短了嫁接时间，提高了嫁接效率。

（6）单子叶侧芽嫁接技术　利用西甜瓜植株上生出的侧芽作为接穗，用南瓜作砧木。接穗留1片展开的叶子，茎秆下部切成斜面；砧木双子叶展开时为宜，从其中一片子叶下部斜切去掉另一片子叶，把接穗与砧木斜面相对吻合，用嫁接夹夹紧即可。该技术多用于种子比较稀少且价格昂贵的种苗繁育。据试验，该技术嫁接成活率为95%，在西甜瓜的亩产量、品质（接穗源和生产田）均与采用普通嫁接技术基本持平的前提下，可节约种子成本80%以上，节约基质、人工费等成本40%以上，综合节本增效50%以上，同时延长了种苗供应期限，提高了良种繁殖速度。

（7）一穗多用嫁接技术　这是"一砧两用"和"单子叶侧芽嫁接技术"相结合的一种新型育苗方式。确定所需的新特优西瓜品种后（三倍体无籽礼品西瓜等），采用常规技术育苗栽培，种植规模为本季该品种总面积的12%左右，并以此作为接穗源，接穗源在采穗的同时不能影响正常结瓜。每株接穗源可采接穗6～10个（接穗长2～3cm）。砧木用日本"不死鸟"或勇士。接穗源的苗子长到10片真叶时砧木开始下种，共播种3次，每次间隔2～3d，以便接穗与砧木进行嫁接。嫁接时，砧木以双子叶展开为宜，从一片子叶基部65°斜切，切面长度0.7～0.9cm；接穗留1片刚展开的叶子为宜，从叶下2cm处65°斜切，切面长度0.7～0.9cm，两切面吻合后用嫁接夹夹好即可，按常规方式管理。据试验，该技术应用后，植株的生活力、稳定性、产量、效益均与种子苗没有显著差异。即该技术在不影响瓜类产量及品质的情况下，可节约育苗成本50%以上，同时极大地缓解了珍贵种子来源紧张的矛盾，使嫁接时间打破了苗龄的限制，拉长了嫁接时间，延长了种苗供应期，大幅降低了种苗成本，提高了效益，加快了珍贵品种和单倍体品种的繁殖推广速度。

6.嫁接苗管理

嫁接后前3d温度白天保持25～30℃，夜间15～20℃，空气相对湿度90%，遮光率70%左右，第4d可早晚各见光1h，适当通风，白天温度22～24℃，夜间14～17℃，地温18～25℃，空气相对湿度80%左右，第5d早晚各见光2h，第6d早晚各见光3h，第7d全天见光。此时黄瓜第2片真叶已展开，开始炼苗，期间可喷百菌清防病。靠接的还需断根，即第10d左右，在接口下1cm处用剪刀或刀片将黄瓜胚轴截断并拔除，初断根1～2d内注意遮阴，后转入正常管理。嫁接后要及时抹去南瓜新生的生长点和真叶，培育壮苗。当苗长至4叶1心时即可出售定植。

五、扦插育苗技术

取植物的部分营养器官插入土壤或某种基质（包括水）中，在适宜环境条件下生根，培育成苗的技术叫扦插育苗。扦插育苗能保持种性，取材容易，发根快，开花结果早，在蔬菜生产、种性保持及加速繁殖等方面都有广泛的应用价值。如大白菜、甘蓝腋芽，佛手瓜侧芽，番茄、无籽西瓜侧枝扦插快速成苗已用于生产。由于发根对条件要求较严，并受无性繁殖器官的限制，这种方法多用于特殊需要或小批量生产。扦插育苗利用植物的芽、枝条等作材料，通过断面形成愈伤组织发根成苗，为促进发根和提高成活率，常用吲哚乙酸、吲哚丁酸、萘乙酸等处理扦插材料，并用塑料薄膜覆盖保持较高湿度。

番茄扦插育苗：插枝一般利用保护地番茄植株中的侧枝。越冬番茄20d左右每株可取7～8个插枝，枝长8～12cm，以第一花序以下侧枝最适扦插。削平插枝基部的伤口，除去基部3cm以内的叶，把插枝摊放在室内5～6h，使切口稍干愈合。为促进发根可用萘乙酸或吲哚乙酸，或二者混合液浸插枝基部10min，然后浸入水中；扦插前3d避光，插枝生根时令其见充足光照以促进生根；在瓶中扦插每1～2d补水1次，控制空气相对湿度90%，白天气温22～30℃，夜间12～18℃，当插枝长出一定量根时，将水换成营养液继续培育或在土壤中育苗。也可以直接将枝条插入土壤中，扦插深度5cm，株行距8～10cm，扦插后扣棚，约半个月长侧根。

六、集约化育苗技术

1.育苗设施

可控湿、控水、控温、控光防虫等设施齐全的智能化温室，能自动控温控湿的催芽室、电热温床、育苗播种生产线及播种机械，根据需要选用的不同型号育苗穴盘，移动育苗床等。

2.品种选择

适宜保护地栽培的品种。甜椒宜选用以色列的麦卡比、考曼奇、HA-831 等，番茄宜选用 R-144 、茄茜亚等，茄子宜选用济农长茄 1 号等。

3.基质准备

（1）基质选择 要求质量轻，透水透气性好。容重≤1，总空隙度 >60%，其中大空隙度占20%～30%；基质溶出物既无毒无害，也不能与营养液发生危害秧苗的不良化学反应，对盐类有一定缓冲力，pH值比较稳定。价格低廉，有丰富而稳定的来源，无病虫；选用东北产低位草炭或高位草炭。

（2）基质配制 播种前先将草炭过滤成细小颗粒，并按草炭：珍珠岩：蛭石粉按

6：3：1的比例进行混配；若高位草炭吸水性差，可按5：3：2的比例配制。

（3）基质消毒　基质混配后进入消毒机高温杀菌消毒，温度控制在80℃，杀菌时间控制在10min；也可采用药剂杀菌，每1m³基质加多菌灵200g混合均匀后密封5～7d。

（4）装盘　番茄育苗选用50孔苗盘，甜椒选用72孔苗盘。机械装盘的，基质含水量应控制在30%～32%；手工装盘的，基质含水量保持在35%左右。选用东北产低位草炭或高位草炭，配制基质。播种前先将草炭过滤成细小颗粒，并按草炭：珍珠岩：蛭石粉=6：3：1的比例进行混配；若高位草炭吸水性差，可按5：3：2的比例配制。

4.播种

应根据签订的供苗期和适宜苗龄来推算最佳播种期。秋季育苗，茄子与甜椒应在7月下旬至8月上旬播种，番茄于8月中旬播种。将播种生产线上的打穴器，调整至打孔深度0.8cm左右；人工打孔播种要尽可能地保持穴孔深浅一致。采用机械播种的，播种精度要保持在90%以上，一般每小时播种500～600盘。人工播种的每穴1粒。播种前要准备好经过0.5cm的筛网筛过的蛭石粉，将其放入覆盖机的料斗内，覆盖厚度以0.5cm为宜。采取人工覆盖的可用木板刮平。将播种机生产线上灌溉机的灌水量调至要求的水量：128孔育苗盘每盘浇水量0.35～0.4kg，72孔育苗盘每盘浇水量0.65kg；人工灌溉可用喷雾器均匀喷洒，水从穴底流出即可。播种后将育苗盘每8个叠放成一摞，尽可能不让苗盘底直接压到空穴的中央，将穴盘码好后用塑料薄膜盖严保温、保湿。每个品种都要挂标牌，标明品种、数量、播种时间。催芽温度控制在28～30℃，空气湿度85%，若空气过于干燥，可向地面洒水增湿。播种后48h开始检查种子发芽情况，若发现种子开始顶土，将育苗盘运到育苗车间，摆放到育苗床上。

5.苗期管理

正常情况保持育苗盘见干见湿，根据天气情况浇水，至育苗盘底部开始滴水时为宜。当幼苗子叶展平，心叶刚露出时结合补苗用营养液喷洒叶片1次。当幼苗2片子叶展平至心叶刚露尖时为最佳补苗期。补苗前浇少许水，幼苗掘出，用小木棍压着根插入无苗的穴孔中，用手按一下插孔即可。补苗后应避免阳光直射，及时补充水分，缓苗后喷1次高浓度营养液。为保证苗齐苗壮，在育苗过程中要经常移动育苗盘在育苗床上的位置，内外对调一般7d左右进行1次。育苗车间内的温度要控制在30℃以下。晴天9：00以后，当温度达到28℃时，将温室顶部的遮阳网展开，同时将温室四周和顶部的通风窗关闭，开启湿帘降温系统和强制排风系统，对室内进行降温；下午15：00前后将遮阳网收起，当外界温度降至棚温时，打开通风窗进行通风。阴雨天不拉遮阳网，只进行强制通风或利用通风窗通风降温即可。

6.病虫害防治

（1）猝倒病：于幼苗第一片真叶展平时喷一遍72.2%普立克水剂600倍液，预防猝倒病的发生，以后用72.2%普立克水剂800倍液防治，5～6d喷1次。

（2）害虫：鳞翅目、同翅目等害虫，可用5%抑太宝乳油1500倍、2.5%扑虱蚜可湿性粉剂1000倍混合液喷雾防治，间隔5～7d，连喷2～3次。

7.秧苗运输

当番茄株高16～20cm，6～7片真叶，叶色深绿，根系布满基质；辣椒株高18～20cm，6叶1心，叶片深绿，显大蕾，茎粗壮，根系布满基质；茄子苗高15～16cm，5～6片真叶，显花蕾，根系布满基质时即可出苗。取苗时将育苗盘在苗床上轻颠一下，以便基质与穴盘分离，要尽可能地保持营养块的完整。出苗前7～10d，进行低温锻炼，逐步将苗床温度降至移栽环境温度。根据运输距离选择不同的包装（纸箱、木条箱、木箱、塑料箱）和运输工具。远距离运输时，运输工具必须有较好的温湿度调控设备，每箱装苗量不宜过大。喜温性果菜秧苗运输的适宜温度为15～20℃，冷凉性蔬菜秧苗运输的适宜温度为5～6℃。运输过程中注意防风遮阳，并保持一定的湿度。

七、育苗设施环境智能调控（以番茄为例）

1.自控催芽

播种后的穴盘运至智能温控发芽室，温度设定在25～28℃，自动喷雾加湿，空气湿度保持在95%～100%，经3～4d芽苗即可出齐。

2.绿化炼苗

苗子出齐后，将穴盘随发芽车一起推至绿化车间，放置1～2d进行炼苗，温度20～25℃，增加光照。

3.苗期管理

炼苗后的苗盘送入工厂化育苗车间，置于床架上，前期温度控制在白天25～28℃，夜间15～18℃。后期温度要适当降低，白天控制在20～25℃，夜间10～15℃，以防徒长。出圃前4～5d，为提高移植后的成活率，促进缓苗，可再降低3～5℃，直至适应外界气候，待苗高15cm左右，4片真叶舒展时即可出圃。

4.水肥调节

育苗期间，每天喷1次水，每周随水加1次肥，前期可用14-0-14（N-P-K）的专用复合肥，中后期用1%尿素加0.2%磷酸二氢钾或用20-10-20（N-P-K）的专用肥进行叶面追肥，以确保种苗生长健壮，花芽分化正常。

第三节　苗床管理

一、出苗期管理

这一时期是指从播种到出苗期间的管理，目的是创造适宜的种子发芽和出苗的环境条件，促进早出苗、早齐苗、出壮苗。

1.覆土

覆土是苗床保墒和降低空气湿度的主要措施，一般在幼芽顶土时，覆1次培养土，以增加土表压力，防止子叶"戴帽"，影响子叶的展开和光合作用的进行；同时也可防止床土表层失水多而裂缝；以后可在间苗之后或发现苗床表土有裂缝时，再覆1次培养土，以利保墒。每次覆土应选晴天中午进行，厚度以0.4cm为宜。

2.调节床温

（1）播种到子叶出土　早春育苗，时值寒冷季节，因此保证苗床的一定温度是管理措施的关键，播种后到出苗前，要继续维持较高温度。出苗期，黄瓜、茄子、辣椒、番茄等喜温性蔬菜，苗床白天保持25～30℃，夜间20℃左右；管理上苗床白天充分接收阳光，提高床温；夜间适当早盖草帘，白天适当晚揭草帘，搞好苗床保墒；若用电热温床育苗，可昼夜通电加温。幼苗顶土期，要降低苗床温度，此期温度过高容易引起胚茎过长，很难成壮苗。出苗前床土干旱，可在床上撒层细土，也可喷洒少量水。

（2）子叶出土到破心　此期极易发生胚轴徒长，形成"高脚苗"。应适当降低苗床温度。一般喜温蔬菜白天温度以20～25℃为宜，夜间可降低到10～15℃。管理措施上可以小通风降温，或在夜间适当晚盖草帘，白天适当早揭草帘。

二、小苗期管理

1.控制温度

控制温度是早春育苗管理的关键，从幼苗顶土开始到出齐苗，这一阶段要逐渐降低苗床温度。苗出齐后，番茄苗床的温度白天可维持在22～25℃，夜间10～15℃；黄瓜、辣椒、茄子苗床的温度白天维持在25～28℃．夜间16～20℃，这一时期采用低温炼苗，可抑制幼苗徒长，提高抗寒性。秧苗出齐后，子叶展平到分苗前，番茄苗床白天维持在20～25℃，夜间10～15℃。黄瓜、辣椒、茄子秧苗的床温可比番茄温度提高3～5℃。分苗前2～3d，要适当降低苗床温度。

2.改善光照

进入幼苗期后生长发育所需的全部营养必须由幼苗本身制造，因此要给予幼苗充足的光照条件，保证光合作用顺利进行。如果光照不足，光合作用弱，就会出现秧苗营养不足，叶色淡、叶柄长、茎细高、子叶黄易早脱落等现象。改善光照条件可以选用透光性好的透明覆盖物；保持覆盖物的清洁度；搞好保温覆盖物的揭盖工作，在保温的前提下尽量早揭、晚盖覆盖物，延长光照时间；及时间苗移苗。

3.调节湿度

齐苗到分苗前，秧苗根系较小，吸收能力很弱，因此苗床内的水分一定要充足，但水分不宜过多。降低苗床土壤湿度可采用育苗床建在高燥处；气温较高的中午，在背风处掀开覆盖物小通风，以不冻伤秧苗为宜；床面撒撒细土减少浇水次数。当苗床湿度过低时，应及时喷洒小水。

4.追肥

育苗期间一般不追肥，如床土不肥沃，秧苗出现茎细、叶小、色淡等缺肥症状时，可用0.1%的磷酸二氢钾、0.2～0.3%的过磷酸钙、0.3%的尿素溶液进行叶面追肥。

三、分苗和分苗床管理

茄果类蔬菜当秧苗封行时应进行分苗，分苗前或定植前，都要加大通风，降低床温，并控制水分，进行秧苗锻炼。一般分苗前2～3d白天停止加温，多通风降温，使秧苗多见阳光，增加光合作用，积累养分，夜间控制温度要比平常低3～5℃。分苗当天上午浇水，使土壤湿度合适。

1.分苗的适宜苗龄

番茄、茄子2叶1心期，辣椒、甘蓝、菜花3叶1心期，莴苣3～4叶期，瓜类和豆类一般不分苗。

2.分苗的方法

有暗水分苗和明水分苗2种。暗水分苗时，先按行距的要求，在分苗床填好的培养土中开小沟，沟中浇水，随水按株距摆苗，水渗下后覆土封沟，同时开下一个沟，这种方法灌水量小，土壤升温快，缓苗快，但较费工，多在早春气温低时采用；明水分苗是在分苗床按行株距栽苗，全床栽完苗后按床浇水，不可大水漫灌，溜小水即可，这种方法较为简便，多在后期气温高时应用。除开沟分苗外，也可直接分苗至营养钵内。

3.缓苗期管理

分苗后幼苗因断根，吸水量减少，而叶面仍要蒸发水分，易发生暂时萎蔫，为了促进分苗后的缓苗，在管理上要减少叶面的水分蒸发，并促进新根的发生。措施是分苗时，要边分苗、边覆盖；分苗后及时盖好床框或塑料薄膜；缓苗阶段一般不通风，以保持床内较高的空气湿度；光照强，床温过高时，可采取短期遮阴，以降低床内气温。分苗后3～5d，苗床以保温保湿为主，当有新叶发生时，表示已缓苗。

4.缓苗后管理

缓苗后至定植前1周，是秧苗生长的主要时期，主要是保证秧苗根、茎、叶的正常生长，防止受冻，以免引起先期抽薹。对果菜类幼苗则要保证适温、强光照和较多的光照时数，以促进花芽分化和花器的形成。缓苗后的整个苗期是做好通风和温度调节工作，果菜类秧苗白天25～30℃，夜间13～20℃；叶菜类白天20～22℃，夜间10～15℃。通风要由小到大逐渐进行，防止发生闪苗，同时通过早掀晚盖覆盖物来延长秧苗的受光时间。秧苗定植前，由于气温升高，苗床通风时间延长，床土水分蒸发较快，秧苗较大，需水较多，应适当浇水。在苗床基肥不足的情况下，可进行叶面追肥。

四、幼苗锻炼

为了培育壮苗，增加幼苗对早春低温等不良环境条件的适应，一般在定植前1周开始对幼苗进行锻炼。主要是逐步降低床温、加大通风，直至完全撤除覆盖物等，提高幼苗的抗风、抗寒、抗旱等能力。果菜类白天降至15～20℃，夜间10℃左右；叶菜类白天10～15℃，但锻炼不可过度，以防形成僵化苗。幼苗定植前要进行蹲苗，如发现幼苗徒长，可适当喷洒植物生长延缓剂。降温、控水、蹲苗以及使用生长延缓剂多效唑、矮壮素、缩节胺等措施均可促进幼苗根系生长，抑制幼苗生长，提高幼苗定植后对环境的适应能力。

五、病虫害防治

（一）常见病虫害防治

1.症状

（1）猝倒病 幼苗未出土时发病多，大苗发病少，种子发芽出土前染病多烂种；出土后染病表现为茎基部出现水浸状黄褐色病斑，随后病斑缢缩变细呈线状，幼苗枯死倒状。

（2）立枯病 刚出土幼苗可受害，尤其以幼苗中后期发病重，发病初期受害幼苗在茎基部产生暗绿色病斑。幼苗白天萎蔫，早晚可恢复，严重时病斑围绕整个茎基部，致使幼苗茎基部收缩，地上部茎叶萎蔫枯死。与猝倒病的区别是病苗直立不倒伏，拔起病苗，有时病部可见到淡褐色蛛丝状霉层。

（3）炭疽病 发病初期叶片产生淡褐色的小圆斑，后发展为褐色至深褐色的大病斑，茎部被害产生椭圆形、条形褐色斑，温湿度适宜时，嫩叶及生长点被害后很容易死亡。

2.防治方法

（1）选好苗床 选择地势高燥，避风向阳，排水通畅，土质疏松肥沃的无病地块。

（2）床土处理　每1m²苗床施用50%多菌灵可湿性粉剂或五氯硝基苯粉剂8～10g，加细土40～50kg，拌匀后取1/3药土撒于畦面，播种后将其余2/3药土盖在种子上面，为防治病菌带入苗床，应施用充分腐熟的有机肥。

（3）种子处理　播前把种子放在太阳下暴晒2～3d，然后进行人工精选；用50～55℃温水进行温汤浸种10～20min，可杀死黏附在种子表面的病菌；番茄早疫病、茄子褐纹病可用0.3%高锰酸钾溶液浸种20～30min，捞出后用温水冲洗干净。

（4）加强苗床管理　幼苗发病条件主要是苗床温度低、湿度大、阴雨天多、光照不足。高温容易引起幼苗徒长，抗病力下降，导致立枯病的发生；冷床育苗应当播前一次性浇透水，控制苗床湿度，保持床面干燥；采用保温覆盖，适时揭盖，及时通风降温，控制好苗床温湿度，增加光照，提高幼苗的抗病能力，白天应及时揭去苗床保温的不透明覆盖物，下午适当晚盖，阴雨天适当揭开透光。

（5）药剂防治　出苗后用80%喷克可湿性粉剂600倍液，隔7～10d喷1次，共喷2～3次，可预防苗期病害；发病后可用58%瑞毒霉锰锌、75%百菌清可湿性粉剂500倍液、25%甲霜灵可湿性粉剂800倍液、50%多菌灵可湿性粉剂1000倍液、70%甲基托布津1000倍液喷雾，对猝倒病、立枯病和炭疽病防治效果良好。防治蚜虫可用10%一遍净2000倍液、20%好年冬乳油2000倍液喷雾；小地老虎可在早晨天亮时或傍晚捕捉，药剂防治可用2.5%敌百虫粉剂、50%辛硫磷乳油800倍液喷洒地面。

（二）常见生理障碍防治

1.气害

因通风不良、明火加温烟道窜烟、施用化肥不当等原因造成。其外部表现为一氧化碳或二氧化硫气体伤害叶片，先出现暗绿色水渍状，失去光泽，而后变浅白色、坏死，与健康组织界限清楚；氨气伤害，叶绿素解体，叶脉间出现点块褐斑，沿叶脉两侧产生条状伤斑，界限分明；硝酸根气体伤害，叶片变白枯死。预防措施一是选用优质燃料，避免火道漏烟和窜烟；二是施用腐熟的有机肥，化肥要深施，同时注意通风换气；三是受害初期通风换气，幼苗浇清水，同时加强苗畦肥水管理，增强幼苗抗性。

2.冷害、冻害

由于突然降温，幼苗遭受寒害，叶片翻卷、变色，细胞组织结冰、脱水，局部出现斑点及坏死。可采取大温差管理，加强保温防寒，提高幼苗抗寒性；也可采取缓慢升温解冻，或向幼苗喷洒温水的补救措施，同时加强肥水管理。

3.烤苗与闪苗

在天气骤晴，突然升温而又不通风的情况下发生烤苗；大通风时干湿差较大，幼苗严重失水，形成闪苗。其外部表现为叶片萎蔫，渐呈水浸状，叶缘干枯，干尖，叶色变白，严重时出现叶片开裂。可根据天气和湿度情况适时、适度通风换气，一旦发生烤苗或闪苗，初期及时向幼苗喷洒清水，并进行根外追肥。

4.烧根

苗床施用未腐熟的有机肥，土壤盐离子浓度过高，易发生烧根现象，出苗后追肥过早、过浓易烧伤嫩苗。育苗床施肥要适量，不可过多，苗床营养土配制按腐熟的有机肥和园田土比例为1∶1，苗床土和肥料要掺和均匀；使用的有机肥一定要充分腐熟；2片真叶以前一般不追肥。如发生烧根，可适当浇水，以缓解土壤浓度。

5.沤根

苗期常见的生理病害，幼苗出土后长期不发新根，根外皮是锈褐色，逐渐腐烂，地上部萎蔫，容易拔起，叶缘枯焦。主要是由于低温高湿、阴雨天多、光照不足、肥料过多、沤肥未腐熟等原因所致。

6.滴水寒害

过冷的凝结水滴落在幼苗上引起寒害，滴水处叶片变色，出现点片伤斑、失绿，严重时可使幼苗死亡。预防措施可选用无滴长寿膜，进行多层覆盖；采取升温或通风降湿措施；铺地膜或控制浇水，减少蒸发；用容器接纳棚室滴水。

7.老化苗

幼苗生长发育期间由于长期温度偏低，连续阴天、肥水供应不足或调节剂使用不当，会使幼苗生长受到过度抑制而出现幼苗矮小、老化，茎细、叶片小、节间密集、茎秆硬化纤细、根系呈黄褐色、新根发生少。可采取提高温度，适温管理，适当肥水，适时间苗等措施进行预防，对已形成的僵苗，可叶面追肥或喷赤霉素等以促发苗。

8.徒长

由于夜温过高、光照不足、偏施氮肥、水分充足、密度过大而引起。徒长苗表现为叶片肥大，色淡，节间疏，茎细长，根系少。可采取合理施肥浇水，保持适当的昼夜温差，扩大株行距，及时间苗，增强光照等预防措施，对已发生的徒长苗，可采取控水、降温、多次移苗和适时适量喷施矮状素或缩节胺补救。

9.弱光、低温危害

由于长期弱光、低温，碳水化合物的生产和积累不足而造成弱苗。其外部表现为幼苗叶薄、色淡，茎细弱，骤然见光、升温而造成萎蔫。可采取优化棚室结构，提高棚室采光、增温等措施，如已发生危害，可采用农用荧光灯、白炽灯、碘钨灯等进行人工补光。

六、苗期易出现的问题及解决方法

1.土面板结

由于床土土质不好、腐殖质含量少、结构不疏松以及浇水方法不当、底水不足，容易发生板结现象。因此在配制营养土时，要用腐殖质含量丰富的堆肥、厩肥拌入洁净的园田土中混匀，2/3作床土，1/3作覆土，另外可在其中加入适量的细沙，以防土面板结。播种前灌足底水，播种后至出苗前不需浇水，若播种后床面干燥，可用喷壶浇些水，水量要小。

2.出苗不整齐

播种后种子不出苗或出苗不整齐的主要原因是种子质量低劣、失去发芽力、染有病菌或者育苗床的环境条件不良，造成不能正常出苗。出苗时间不一致的主要原因是种子质量不好、新旧种子混杂、种子催芽时的温度、湿度、空气供应不均匀，使每粒种子的发芽程度参差不齐。播种时采用发芽率高、发芽势强的优良种子，床土要整平，提前灌足底水，播种要均匀，覆土、覆盖的措施尽量一致，采取通风、覆盖等措施，及时防治病害，创造幼苗生长的适宜条件。

3.幼苗顶壳出土

幼苗出土后种皮不脱落，夹住子叶，称为"顶壳"或"戴帽"，在茄果类和瓜类蔬菜幼苗中经常发生，主要由2个原因造成：一是种子贮藏过久，种壳过硬；或者种子成熟度不够，生命力低，幼苗出土时无力脱壳；二是播种时底水不足种子尚未出苗，表土已变干，使种皮干燥发硬，往往不能顺利脱落；播种时覆土太薄或太轻，压力太小，也会使幼苗"戴帽"出土。防止"戴帽"苗出现的措施有选用当年新种，灌足底水，瓜种平放，覆土不宜太轻太薄，若发现种子带壳及时覆盖一层细土，必要时可人工辅助脱壳。

第四章　水肥一体化技术

目前，水肥一体化技术在世界上被公认为是提高水肥资源利用率的最佳技术，1960年左右始于以色列。2012年国务院印发《国家农业节水纲要（2012—2020）》，强调要积极发展水肥一体化；2013年3月农业部下发《水肥一体化技术指导意见》，全国农技中心把水肥一体化列为"一号技术"加以推广，并在蔬菜、果树花卉和半干旱地区的作物上不同程度地加以应用。

第一节　水肥一体化技术简介

一、水肥一体化概念

水肥一体化是将灌溉与施肥融为一体、实现水肥同步控制的农业新技术，又称为"水肥耦合""随水施肥""灌溉施肥"等。蔬菜水肥一体化技术是借助压力系统（或地形自然落差），按土壤养分含量和蔬菜需肥规律和特点，将可溶性固体或液体肥料配兑成的肥液与灌溉水一起相融后，通过管道和滴喷头形成滴喷灌，均匀、定时、定量地浸润蔬菜根系，满足蔬菜生长需要。

水肥一体化技术目前广泛被接受。针对具体灌水方式，又可分为水渠灌溉、管道灌溉、喷灌、微喷灌、泵加压滴灌、重力滴灌、渗灌等形式。水渠灌溉最为简单，对肥料要求不高，但这种水渠灌溉不节水；微喷灌、滴灌是根据蔬菜需水、需肥量和根系分布进行最精确的供水、供肥不受风力等外部条件限制；喷灌相对来说没有滴灌施肥适应性广。故狭义的水肥一体化技术也称滴灌施肥或微喷灌施肥。

二、水肥一体化技术特点

水肥一体化技术有以下特点：一是灌溉用水效率高。滴灌将水一滴一滴地滴进土壤，灌水时地面不出现径流，从浇地转向浇作物，减少了水分在作物棵间的蒸发。同时，通过控制灌水量，土壤水深层渗漏很少，减少了无效的田间水量损失。另外，滴灌输水系统从水源引水开始，灌溉水就进入一个全程封闭的输水系统，经多级管道传输，将水送到作物根系附近，用水效率高，从而节省灌水量。二是提高肥料利用率。水肥被直接输送到作物根系最发达部位，可充分保证养分被作物根系快速吸收。对滴灌而言，由于湿润范围仅限于根系集中区域，肥料利用率高，从而节省肥料。三是节省劳动力。传统灌溉施肥方法是每次施肥要挖穴或开浅沟，施肥后再灌水。应用水肥一体化技术，可实现水肥同步管理，以节省大量劳动力。四是可方便、灵活、准确地控制施肥数量。根据作物需肥规律进行针对性施肥，做到缺什么补什么，缺多少补多少，实现精确施肥。五是有利于保护环境。水肥一体化技术通过控制灌溉深度，可避免将化肥淋洗至深层土壤，从而避免造成土壤和地下水污染。六是有利于应用微量元素。微量元素通常应用螯合态，价格较贵，通过滴灌系统可以做到精确供应，提高肥料利用率。七是水肥一体化技术有局限性，由于该项技术是设施施肥，前期一次性投资较大，同时对肥料的溶解度要求较高，所以大面积快速推广有一定的难度。

第二节　蔬菜的需水特性与灌溉制度

一、水对蔬菜生长发育的影响

蔬菜是需水量较大的作物，与其他农作物相比，蔬菜对水分的反应尤为敏感。蔬菜生长期间灌水较为频繁，灌水及时与否对产量有明显影响。设施蔬菜等保护地种植，采用水肥一体化灌水的先进技术，不仅有利于增产、节水，也有利于改善蔬菜的品质。与大田作物相比，蔬菜的灌溉更表现为现代化与科学化。

1.水是蔬菜的重要组成部分

蔬菜是含水量很高的作物，如大白菜、甘蓝、芹菜和茼蒿等蔬菜的含水量均达93%～96%，成熟的种子含水量也占10%～15%。任何作物都是由无数细胞组成，每个细胞由细胞壁、原生质和细胞核3部分构成。只有当原生质含有80%～90%以上水分时，细胞才能保持一定的膨压，使作物具有一定形态，维持正常的生理代谢。

2.水是蔬菜生长的重要原料

和其他作物一样，蔬菜的新陈代谢是蔬菜生命的基本特征之一，有机体在生命活动中不断地与周围环境进行物质和能量的交换。

3.水是输送养料的溶剂

蔬菜生长中需要大量的有机和无机养料。这些原料施入土壤后，首先要通过水溶解变成土壤溶液，才能被作物根系吸收，并输送到蔬菜的各种部位，作为光合作用的重要原料。同时一系列生理生化过程，也只有它的参与才能正常进行。如黄瓜缺氮，植株矮化、叶呈黄绿色。

4.水为蔬菜的生长提供必要条件

水、肥、气、热等基本要素中，水最为活跃，生产实践中常通过水分来调节其他要素。蔬菜生长需要适宜的温度条件，土壤温度过高或过低，都不利于蔬菜的生长。由于水有很高的比热容和气化热容，冬前灌水具有平抑地温的作用。在干旱高温季节的中午采用喷灌或雾灌可以降低株间气温，增加株间空气湿度。叶片能直接从中吸收一部分水分，降低叶温，防止叶片出现萎蔫。如中国农业科学院灌溉研究所在新乡塑料大棚内试验，中午气温高达30℃时，雾灌黄瓜，株间温度降低3～5℃，空气湿度提高10%，叶片降温达3～5℃，相对含水量增加5%，比地面沟灌增产达15%。

蔬菜生长需要保持良好的土壤通气状况，使土壤保持一定的氧气浓度。一般而言，作物根系适宜的氧气浓度在5%～10%以上，如果土壤水分过多，通气条件不好，则根系发育及吸水吸肥能力就会因缺氧和二氧化碳过多而受影响，轻则生长受抑制、出苗迟缓，重则"沤根"或"烂种"。

土壤水分状况不仅影响蔬菜的光合能力，也影响植株地上部与地下部、生殖生长与营养生长之间的协调，从而间接影响棵间光照条件。黄瓜是强光照作物，如果盛花期以前土壤水分过大，则易造成旺长，棵间光照差，致使花、瓜大量脱落，降低了产量和品质。又如番茄，如果在头穗果实长到核桃大小之前水分过多，叶子过茂，则花、果易脱落，着色困难，上市时间推迟。

由此可见，蔬菜生长发育与土壤水分的田间管理关系十分密切。

二、蔬菜对水分的要求

（一）不同种类蔬菜对水分的要求

蔬菜对水分的要求，主要取决于其地下部对水分吸收的能力和地上部的消耗量，凡根系强大、能从较大土壤体积中吸收水分的种类，抗旱力强；凡叶片面积大、组织柔嫩、蒸腾作用旺盛的种类，抗旱力弱。但也有水分消耗量小，且因根系弱而不能耐旱的种类。根据蔬菜对水分的需要程度不同，可把蔬菜分为以下几类：

1.水生蔬菜

这类蔬菜根系不发达，根毛退化，吸收力很弱，而它们的茎叶柔嫩，在高温下蒸腾旺盛，植株的全部或大部分必须浸在水中才能生活，如藕、茭白、荸荠、菱等。

2.湿润性蔬菜

这类蔬菜叶面积大、组织柔嫩、叶的蒸腾面积大、消耗水分多，但根群小，而且密集在浅土层，吸收能力弱。因此，要求较高的土壤湿度和空气湿度。在栽培上要选择保水力强的土壤，并重视浇灌工作。如黄瓜、白菜、芥菜和许多绿叶菜类等蔬菜。

3.半湿润性蔬菜

这类蔬菜叶面积较小，组织粗硬，叶面常有茸毛，水分蒸腾量较少，对空气湿度和土壤湿度要求不高；根系较为发达，有一定的抗旱能力。在栽培中要适当灌溉，以满足其对水分的要求。如茄果类、豆类、根菜类等蔬菜。

4.半耐旱性蔬菜

这类蔬菜的叶片呈管状或带状，叶面积小，且叶表面常覆有蜡质，蒸腾作用缓慢，所以水分消耗少，能忍耐较低的空气湿度。但根系分布范围小，入土浅，几乎没有根毛，所以吸收水分的能力弱，要求较高的土壤湿度。如葱蒜类和石刁柏等蔬菜。

5.耐旱性蔬菜

这类蔬菜叶子虽然很大，但叶上有裂刻及茸毛，能减少水分的蒸腾，而且都有强大的根系，根系分布既深又广，能吸收土壤深层水分，故而抗旱能力强。如西瓜、甜瓜、南瓜、胡萝卜等蔬菜。

（二）蔬菜不同生育期对土壤水分的要求

根据蔬菜不同生育期的特点，其对土壤水分的要求为：

1.种子发芽期

要求充足的水分，以供种子吸水膨胀，促进萌发和胚轴伸长。此期如土壤水分不足，播种后，种子较难萌发，或虽能萌发，但胚轴不能伸长而影响及时出苗。所以，应在充分灌水或在土壤墒情好时播种。

2.幼苗期

植株叶面积小，蒸腾量也小，需水量不多，但根群分布浅，且表层土壤不稳定，易受干旱的影响，栽培上应特别注意保持一定的土壤湿度。

3.营养生长旺盛期和养分积累期

此期是根、茎、叶菜类一生中需水量最多的时期。但必须注意在养分贮藏器官开始形成的时候，水分不能供应过多，以抑制叶、茎徒长，促进产品器官的形成。当进入产品器官生长盛期后，应勤浇多浇。

4.开花结果期

开花期对水分要求严格，水分过多，易使茎叶徒长而引起落花落果；水分过少，植物体内水分重新分配，水分由吸水力较小的部分（如幼芽、幼根及生殖器官）会大量流入吸水力强的叶子中去，也会导致落花落果。所以，在开花期应适当控制灌水。进入结果期后，尤其在果实膨大期或结果盛期，需水量急剧增加，并达最大量，应当供给充足的水分，使果实迅速膨大与成熟。

5.其他

除土壤湿度外，空气湿度对蔬菜的生长发育也有很大的影响。各种蔬菜对空气湿度的要求大体可分为4类：

（1）第一类要求空气湿度较高：如白菜类、绿叶菜类和水生蔬菜等，适宜的空气相对湿度一般为85%～90%。

（2）第二类要求空气湿度中等：如马铃薯、黄瓜、根菜类等，适宜的空气相对湿度一般为70%～80%。

（3）第三类要求空气湿度较低：如茄果类、豆类等，适宜的空气相对湿度为55%～65%。

（4）第四类要求空气湿度很低：如西瓜、甜瓜、南瓜和葱蒜类蔬菜等，适宜的空气相对湿度为45%～55%。

三、蔬菜的需水规律和需水量估算

蔬菜的需水特征随蔬菜的种类、生育阶段及其种植区的气候条件、土壤特性而变。各种蔬菜由于其自身形态构造不同，其需水量也不同，一般而言，生长期叶面积大、生长速度快、采收期长、根系发达的蔬菜需水量较大（如茄子、黄瓜）；反之需水量则较小（如辣椒、菠菜）；体内含蛋白质或油脂多的蔬菜（如蘑菇、平菇）比体内含淀粉多的蔬菜（如山药、马铃薯）需水要多。同时，不同品种之间也有差异，耐旱和早熟品种需水量较少。

同一种蔬菜在各生育期的需水特性不同，一般是幼苗期和接近成熟期需水较少。生育中期，即生长旺盛期，需水最多，一般是全生育期中对缺水最敏感、影响产量最大的时期，称需水临界期。此期，蔬菜原生质的黏度和弹性剧烈下降，因而忍受和抵抗干旱的能力大为减弱，再加上原生质黏度降低后，新陈代谢增强，引起生长速度变快，需水量增加，这时若能充分供水，不仅有利于蔬菜生长发育，水分利用效率也高，大多数蔬菜的需水临界期在营养生长和生殖生长旺盛阶段，也就是开花、结果与块根块茎膨大阶段，如菜用大豆的开花和结荚阶段、萝卜的块根膨大阶段、番茄的花形成和果实膨大阶段等，都为其需水临界期，需确保水分供应。

由于地区气候、土壤、水文地质等自然条件不同，蔬菜需水情况也各异。气温高、日照强、空气干燥、风速大时，叶面蒸腾和棵间蒸发均增大，作物需水量也大，反之则小。土壤质地、团粒结构和地下水埋深等都影响到土壤水分状况，从而改变着耗水量的大小。在一定土壤湿度范围内，蔬菜耗水量随土壤含水量增加而加大。合理深耕、密植和增施肥料，作物需水量有增加趋势。中耕除草，设置风障，地膜覆盖，日光温室，中、小拱棚，塑料大棚等，均能适当降低蔬菜需水量。

蔬菜的需水量受蔬菜种类、品种、当地气候条件、土质、耕作措施及保护地类型的影响很大,目前对蔬菜的需水量一般还没有一套十分成熟的计算方法,一般应采用试验测定的方法。有时也可采用需水系数法(也称蒸发皿)进行估算。其基本思路是:各种蔬菜不论土壤表面蒸发还是作物体表面蒸腾,其通过蒸发皿测定的水面所蒸发出去的水分气化现象是基本相同的。因此,不同时期的需水量与其水面蒸发量的比值,即蒸腾蒸发比保持稳定,可用蒸发皿测定其水面蒸发量,即该方法仅需水面蒸发资料,资料易于取得。潮湿的蔬菜地可广泛采用,但在菜地较干燥时,误差较大。

四、蔬菜的节水灌溉制度

(一)蔬菜的水分调控原则

在保护地蔬菜栽培中,土壤湿度的调控至关重要,必须依据当地气候特点、蔬菜种类、生育阶段、土壤等情况确定灌水时间及灌水量。生产中按以下原则确定:

1.根据气象特点进行灌水

在我国北方地区,冬季及早春季节,外界温度较低,光照较弱,作物生长缓慢,蒸腾蒸发量较小,所以应少灌或不灌水,此阶段老植株确实缺水,土壤含水量较低,也应小水灌,且应尽量选择在晴天中午,以免造成土温大幅度下降,从而引起寒根。3月份至6月份,随着外界温度的上升、作物生长量增加、蒸腾蒸发量增大、温室大棚通风量的增加,灌水量应逐渐增大;6月份至9月份,保护地栽培主要是防雨降温栽培,灌溉要根据降雨情况而定,若雨水较多,空气湿度较大,应少灌,同时要防涝排涝;若雨水少,天气干燥,在土壤不产生积水的情况下,适当增加灌水次数和灌水量,从而降低地温,促进作物生长。9月中旬至立秋后,外界温度逐渐下降,由北向南逐渐开始进行扣棚,根据作物生长情况,灌水量应逐渐减少。

2.依各类蔬菜生长特性进行灌水与保水

对大白菜、黄瓜等根浅、喜湿、喜肥的蔬菜,应做到肥多、水勤。对茄果类、豆类等根系较深的蔬菜,应先湿后干。对速生菜应保证经常肥水不缺。对营养生长和生殖生长同时进行的果菜,避免始花期浇水,要"浇菜不浇花";对单纯生殖生长的采种株,应见花浇水,收种前干旱,要"浇花不浇菜"。对越冬菜要浇冻水。

3.根据土质、幼苗形态进行灌水

(1)土质特点:砂性土宜增加灌水次数,并施有机肥改良土质以利保水;黏土地采取暗水播种,浇沟水;盐碱地强调河水灌溉,明水大浇,洗盐洗碱,浇耪结合;低洼地小水勤浇,排水防碱。

(2)幼苗植株表现:温室青韭,早晨看叶尖溢液之有无。温室黄瓜要看茎端(龙头)的姿态与颜色;露地黄瓜,早晨看叶的上翘与下垂,中午看叶子萎蔫与否或轻重，傍晚看恢复的快慢。番茄、黄瓜、胡萝卜等叶色发暗，中午略呈萎蔫，或甘蓝、洋葱叶色灰蓝，表面蜡粉增多，叶片脆硬时说明缺水，需立即灌水；否则叶色淡，中午毫不萎蔫，茎节拔节，说明水分过多，需要排水和晾晒。

（二）蔬菜灌溉时间的确定

目前，我国保护地栽培中仍然依靠传统经验，主要凭人的观察感觉，差异很大。随着保护地节水灌溉技术的推广和自动化灌溉设施的应用，保护地作物栽培已利用现代化手段对作物栽培和温室条件进行调控。根据作物各生育期需水量和土壤水分张力确定蔬菜的灌水日期和灌水量。灌水期依蔬菜种类、品种、栽培季节、生育阶段、土壤状况、根系范围、地下水位、栽植密度以及施肥法等而异。几种主要蔬菜的灌水期用如下方法确定：

1.番茄

番茄对土壤中水分状况变化的适应性广。水分适量时的pF为1.5～2。不同的发育阶段及其他环境条件适宜的水分指标也不相同。在育苗和生长发育初期pF为2.5～2.7，在果实膨大初期，对生殖生长和营养生长调节均衡以后的发育阶段，在预报为晴天时，灌水指标为pF1.5以下，摘心以后更要以低的土壤水分张力进行管理来促进果实膨大。

2.黄瓜

黄瓜不像番茄那样不容易马上直接受到水分过剩的影响。黄瓜的灌水指标比番茄低，一般来说可考虑pF在1.5～2的范围内。但采收盛期在日照射量多、光合作用旺盛时期灌水指标降到pF1.3～1.4，而且对水分保持量小的砂质土壤等pF往往还要再降到1.3以下，这是由于像黄瓜之类的阔叶作物，在短时间里水分蒸腾量大，水分补充速度就是个问题。

3.茄子、青椒

茄子、青椒不宜在过湿状态下生长。管理时茄子的pF为2～2.3，青椒为2.5。只有在排水非常好、不担心发生湿害的条件下，pF可小于2，而砂质土壤栽培的青椒，pF可按1.5左右的低水分张力管理。

4.草莓

草莓在连续收获时期水分不足很容易导致产量、品质的降低。灌水指标pF定为1.5～2，而且pF不足或大于2往往发生问题。特别是3月下旬以后的收获期（在温室内），土壤水分张力上升导致果实品质下降，对火山灰土壤、灰褐色土壤、含砾层土壤地带灌水指标可采用pF为2。

5.网纹甜瓜

网纹甜瓜为特殊栽培，缓苗和摘心前pF为2，授粉后pF约为2.4，在果实网纹期的大约2个星期内pF为2.4～2.7，网纹形成后pF大于2.7，用高水分张力管理。

（三）蔬菜的灌水量估算

保护地蔬菜的灌水量和灌水间隔随栽培作物种类、气候条件、土壤的影响等不同而不同，表4-1列出保护地主要蔬菜灌水间隔和灌水量。就灌水量而言，各种蔬菜的灌水量相差极大，在1.1~15mm/d之间。在气温较低、光照较弱的冬春季，在有设备设施增加温度时，宜选择最小值灌水量，间隔天数一般应在20d以上；并根据温度、空气湿度取值，一般温度较低时选最小灌水量，间隔天数较长；温度高时则相反。

表4-1 主要蔬菜灌水间隔和灌水量

蔬菜种类	灌水量/mm						间隔日数		
	1次			1d					
	最小	平均	最大	最小	平均	最大	最小	平均	最大
番茄	2.7	17.5	44.4	1.1	3.8	9	1.3	3.8	7.1
黄瓜	4.4	24	42	2.5	6.1	15	0.7	3.9	8
辣椒	10	25.2	35	3.9	7.2	10	2.6	3.4	4.3
茄子	4.8	-	19.4	3	-	6	1.6	-	2.9
芹菜	4.5	7.2	12.5	1.15	3	7	1	2.4	4.5

第三节　蔬菜的需肥特性与施肥制度

一、蔬菜的需肥共性

由于蔬菜一般生长期相对较短，生长量大，生物学产量高等因素，所以在需肥上有以下共同特点：

1.需肥量大

蔬菜产量高，茎叶食用器官中氮、磷、钾等营养元素含量均比大田作物高，故与大田作物相比有需肥量大的特点。

2.吸肥强度大

蔬菜作物根部的伸长带（根毛发生带）在整个植株中的比例一般高于大田作物，该部位是根系中最活跃的部分，其吸收能力和氧化力强。蔬菜作物根系盐基代换量比大田作物高，就是说蔬菜作物吸肥的强度大。

3.多为喜硝态氮作物

多数蔬菜在完全硝态氮条件下产量高。对铵态氮敏感，铵态氮占全氮量超过一定量后，生长受阻，产量下降，一般情况下，铵态氮在施用中比例不宜超过1/4~1/3。但是应该注意在产品收获前30d禁止使用硝态氮肥。

4.需硼量高

硼不是植物体内的结构成分，但它对植物的某些重要生理过程有着特殊的影响。硼能促进碳水化合物的正常运转，硼还能促进生长素的运转，为花粉粒萌发和花粉管生长所必需，也是种子和细胞壁形成所必需的。硼与碳水化合物运输有密切关系，它还有利于蛋白质的合成和豆科作物的固氮。一般单子叶植物体内可溶性硼含量比双子叶植物高，其利用率也高。蔬菜作物多属双子叶植物，所以其需硼量也较多。

5.土壤溶液浓度高

蔬菜作物对土壤浓度要求要比大田作物高。

6.需钙量高

钙在作物体内以果胶酸钙的形态存在，是细胞壁中胶层的组成部分。蔬菜作物需要吸收钙的数量较多，原因是许多蔬菜本身是豆科作物，需钙量大，另一个原因可能是钙能消耗作物代谢过程中所形成的有机酸。所以说蔬菜作物比大田作物需钙更多。

二、主要设施蔬菜的需肥规律及建议

1.茄果类

茄果类蔬菜包括番茄、茄子、辣椒等。茄果类蔬菜在苗期对养分的需求量小，但对养分的要求全面，尤其对氮、磷敏感，缺乏则会造成植株生长缓慢，容易感染病害，影响花芽分化；进入生殖生长期后，养分需求量猛增，需要补充大量的氮、磷，否则会导致果实发育不完全，使产量降低。其中，每生产1 t番茄需施用氮（N）、磷（P_2O_5）、钾（K_2O）的量分别为2.8～4.5kg、0.5～1.0kg、3.9～5.0kg，其吸收比例为1：（0.12～0.25）：（1.0～1.2）；每生产1t茄子需要施用氮（N）、磷（P_2O_5）、钾（K_2O）的量分别为2.5～3.3kg、0.7～0.8kg、4.7～5.1kg，其吸收比例为3：1：1.5；每生产1t辣椒需要施用氮（N）、磷（P_2O_5）、钾（K_2O）的量分别为5.19kg、1.07kg、6.46kg，其吸收比例大致为1：0.2：1.2。

以每667m^2产5000kg番茄为例，建议选用20：5：15或N：P_2O_5：K_2O＝1：（0.3～0.4）：0.8的蔬菜专用肥，每667m^2施用腐熟的有机肥1500～2000kg，专用肥70～80kg，结果期加施钾肥5.0kg。根据陕西省宝鸡市设施蔬菜园土壤特点，加施钙、镁、硼、锌等中微量元素肥料，其中钙肥可以在番茄坐果期喷施0.5%氯化钙溶液多次，有效预防番茄脐腐病。

2.瓜类

瓜类蔬菜包括黄瓜、南瓜、丝瓜等，瓜类蔬菜对钾的需求量最大，氮、磷次之。瓜类蔬菜结果期长、产量大，因而需肥量大，尤其是在结果期需肥量最大。在保证氮、磷、钾肥的同时，还要供给钙、镁、硼等中微量元素，以保证养分供应平衡。其中，每生产1t黄瓜需要施用氮（N）、磷（P_2O_5）、钾（K_2O）的量分别为2.8～3.2kg、1.2～1.8kg、3.3～4.4kg，其N：P_2O_5：K_2O=1：0.5：1；每667m^2生产6000kg南瓜需要施用氮（N）、磷（P_2O_5）、钾（K_2O）的量分别为20.5kg、6.9kg、25.1kg，其N：P_2O_5：K_2O=1：0.35：1.25；丝瓜每667 m^2需要施用氮（N）、磷（P_2O_5）、钾（K_2O）的量分别为12.5～23.0kg、8.0～11.0kg、13.0～17.0kg，其N：P_2O_5：K_2O=1：0.5：1。

以每667m^2产5000kg黄瓜为例，在定植前每667 m^2施用腐熟的有机肥3000kg或商品有机肥400kg、N：P_2O_5：K_2O=1：0.5：1.4的复混肥40kg。追肥按照轻施、勤施的原则，生育期追施 8～10 次，每次追施氮素3～4kg/667m^2。根据黄瓜需肥特性及陕西省宝鸡市设施蔬菜园土壤特点，在结瓜期喷施0.3%～0.5%的磷酸二氢钾液2～3次，喷施0.3%～0.5%的氯化钙液3～4次，喷施0.4%的硫酸镁液2～3次，喷施0.12%～0.25%的硼砂液2～3次。

3.豆类

豆类蔬菜包括菜豆、豇豆等。豆类蔬菜有根瘤，本身可以吸收固定空气中的氮素，因而对氮素的需求较低，但在植株自身固氮作用较弱的时候，需要及时补充氮肥。豆类蔬菜对磷、钾的需求量较高，对硼、钼等微量元素较为敏感。因此，保证氮、磷、钾素以及微肥合理施用才能保证产量和品质的提升。其中，每生产1t菜豆需要吸收氮（N）3.37kg、磷（P_2O_5）2.20kg、钾（K_2O）4.90kg，吸收比例大致为 1：0.67：1.67；豇豆每生产1 t吸收氮（N）10.2kg、磷（P_2O_5）4.4kg、钾（K_2O）9.7kg，吸收比例为1：0.4：1。

以每667m^2产1000kg菜豆为例，建议每667 m^2施用腐熟的有机肥2000～2500kg、尿素8～10kg、过磷酸钙10～15kg、硫酸钾10kg。 另外，追肥 3～4 次，每次每667 m^2追施尿素5～7kg、过磷酸钙 5～7kg、硫酸钾3～4kg。结荚期喷施0.5%的尿素和0.01%～0.03%的钼酸铵叶面肥。

4.叶菜类

叶菜类蔬菜包括叶用莴苣、小白菜、菜心等。叶菜类属于喜钾类作物，对钾素的需求量大、氮次之、磷最少。叶菜类蔬菜体内的养分在整个生育期内不断积累，且在生育前期养分吸收速度快，此时的营养状况影响蔬菜的品质和产量，施肥应当以氮肥为主，磷、钾肥次之；生育后期养分吸收速度减缓，此时，植株吸收的钾最多，此时应当多施钾肥，氮、磷肥为辅。需肥量方面，每生产1 t叶用莴苣需吸收氮（N）2.08kg、磷（P_2O_5）0.71kg、钾（K_2O）3.18kg，吸收比例大致为 1：0.35：1.5。每667 m^2小白菜需要吸收氮（N）5.9～10.93kg、磷（P_2O_5）1.6～2.2kg、钾（K_2O）

$3.2\sim7.05kg$，吸收比例大致为$1:0.2:0.65$。每生产1 t菜心需要吸收氮（N）$2.2\sim3.6kg$、磷（P_2O_5）$0.6\sim1.0kg$、钾（K_2O）$1.1\sim3.8kg$，吸收比例约为$1:0.35:1$。

以每$667m^2$产$3000kg$叶用莴苣为例，建议每$667m^2$施用腐熟的有机肥$3000\sim4000kg$、过磷酸钙$20\sim25kg$、硫酸钾$10\sim15kg$作为基肥，生育期追施尿素3次，每次$10kg/667$ m^2，同时每$667m^2$用0.3%的磷酸二氢钾溶液$50\sim60kg$进行叶面施肥。

5.甘蓝类

甘蓝类蔬菜主要有松花菜、青花菜、结球甘蓝等。

甘蓝类蔬菜在生育前期受到植株本身生物量较小的影响，对氮、磷、钾素的需求量较少；但在生育后期，由于植株体形增大，对养分的需求量也迅速增大。此时磷肥供应不足会造成植株发育不良，钾肥供应不足会引起病害。施肥方面，松花菜每生产1 t需吸收氮（N）$4.8\sim10.8kg$、磷（P_2O_5）$2.09\sim3.70kg$、钾（K_2O）$4.91\sim12.10kg$，吸收比例为$1:(0.3\sim0.5):(1.0\sim1.2)$。青花菜每生产$1$ t需要吸收氮（N）$10.88kg$、磷（P_2O_5）$6.51kg$、钾（K_2O）$16.67kg$，吸收比例大致为$1:0.6:1.6$。每$1000kg$甘蓝吸收氮（N）$2.0kg$、磷（P_2O_5）$0.8kg$、钾（K_2O）$2.4kg$，吸收比例大致为$1:0.3:1.2$。

以每667 m^2产$5000kg$甘蓝为例，建议每$667m^2$施用腐熟的有机肥$5000kg$、$16:8:18$的蔬菜专用肥$50\sim75kg$作为基肥，甘蓝莲座期每667 m^2追施蔬菜专用肥$20\sim30kg$。根据甘蓝生育特点及陕西省宝鸡市设施蔬菜地土壤养分特点，喷施0.2%～0.3%的硝酸钙溶液$2\sim3$次，在莲座期至结球期喷施0.1%的硼砂$2\sim3$次。

第四节　水肥一体化技术的肥料选择

一、肥料品种与选择

肥料的种类很多，但由于水肥一体化技术中肥料必须与灌溉水结合才能使用，因此对肥料的品种、质量、溶解性都有一定要求。适用肥料选择原则，一般根据肥料的质量、价格、溶解性等来选择，要求肥料具备以下条件：

1.溶解性好

在常温条件下能够完全溶解于灌溉水中，溶解后要求溶液中养分浓度较高，而且不会产生沉淀阻塞过滤器和滴头（不溶物含量低于5%，调理剂含量最小）。

（1）常见肥料的溶解性。良好的溶解性是保证该水肥一体化技术运行的基础，所有的液体肥料和常温下能够完全溶解的固体肥都可以使用。不溶或部分溶解的固体肥料最好不用于水肥一体化技术中，以免堵塞灌溉系统而造成严重损失。表4-2为常用肥料的溶解性，选择肥料时进行参考。

表4-2　常用肥料在不同温度下的溶解度

湿度 化合物	0℃	10℃	20℃	30℃
尿素	680	850	1060	1330
硝酸铵	1183	1580	1950	2420
硫酸铵	706	730	750	780
硝酸钙	1020	1240	1294	1620
硝酸钾	130	210	320	460
硫酸钾	70	90	110	130
氯化钾	280	310	340	370
磷酸二氢钾	1328	1488	1600	1790
硝酸二铵	142	178	225	274
磷酸一铵	227	295	374	464
氯化镁	528	540	546	568

（2）肥料的溶解反应。多数肥料溶解时会伴随热反应。如磷酸溶解时会放出热量，使水温升高；尿素溶解时会吸收热量，使水温降低。了解这些反应对于配制营养母液有一定的指导意义。如气温较低时为防止盐析作用，应合理安排各种肥料的溶解顺序，尽量利用它们之间的热量来溶解肥料。

2.兼容性强

能与其他肥料混合施用，基本不产生沉淀，保证2种或2种以上养分能够同时施用，减少施肥时间，提高效率。

（1）溶液中最不易溶解的盐的溶解度限制混合液的溶解度，如将硫酸铵与氯化钾混合后，硫酸钾的溶解度决定了混合液的溶解度，因为生成的硫酸钾是该混合液中最小的。

（2）肥料间发生化学反应生成沉淀，阻塞滴头和过滤器，降低养分有效性。如硝酸钙与任何形式的硫酸盐形成硫酸钙沉淀，硝酸钙与任何形式的磷酸盐形成磷酸钙沉淀，镁与磷酸一铵或磷酸二铵形成磷酸镁沉淀，硫酸铵与氯化钾或硝酸钾形成硫酸钾沉淀，磷酸盐与铁形成磷酸铁沉淀等。

（3）生产中为避免肥料混合后相互作用产生沉淀，应采用2个以上的贮肥罐，在一个贮存罐中贮存钙、镁和微量营养元素，在另一个贮存罐中贮存磷酸盐和硫酸盐，确保安全有效的灌溉施肥。各种肥料混合的适宜性见表4-3。

表4-3　各种肥料的可混性

		1	2	3	4	5	6	7	8	9	10	11	12
1	硫酸铵												
2	硫酸铵	△											
3	硫酸氢铵	×	△										
4	尿素	□	△	×									
5	氯化铵	□	△	□	□								
6	过磷酸钙	□	△	□	□	□							
7	钙镁磷肥	△	△	□	×	×							
8	磷矿粉	□	△	×	□	□	△	□					
9	硫酸钾	□	△	×	□	□	□	□	□				
10	氯化钾	□	△	×	□	□	□	□	□	□			
11	磷铵	□	△	×	□	□	□	×	×	□	□		
12	硝酸磷肥	△	△	×	△	△	×	△	×	△	△	△	
		1	2	3	4	5	6	7	8	9	10	11	12
		硫酸铵	硫酸铵	硫酸氢铵	尿素	氯化铵	过磷酸钙	钙镁磷肥	磷矿粉	硫酸钾	氯化钾	磷铵	硝酸磷肥

3.作用力弱

与灌溉水的相互作用很小，不会引起灌溉水的剧烈变化，也不会与灌溉水产生不利的化学反应。

（1）与硬质和碱性灌溉水生成沉淀化合物。灌溉水中通常含有各种离子和杂质，如钙镁离子、硫酸根离子、碳酸根和碳酸氢根离子等。这些灌溉水固有的离子达到一定浓度时，会与肥料中有关离子反应，产生沉淀。这些沉淀易堵塞滴头和过滤器，降低养分的有效性。如果在微灌系统中定期注入酸溶液（如硫酸、磷酸、盐酸等），可溶解沉淀，以防滴头堵塞。

（2）高电导率可以使作物受到伤害或中毒。含盐灌溉水的电导率较高，再加入化肥，使灌溉水的电导率较高，对一些敏感作物和特殊作物可能会受到伤害。生产中应检验作物对盐害的敏感性，选用盐分指数低的肥料或进行淋溶洗盐。

（3）腐蚀性小。对灌溉系统和有关部件的腐蚀性要小，以延长灌灌设备和施肥设备的使用寿命。

二、水溶肥料的技术指标

（一）大量元素水溶肥料

大量元素水溶肥料（NY1107—2010）提出了大量元素水溶肥料技术要求。

（1）外观均匀液体或固体。

（2）技术指标。

①大量元素水溶肥料（中量元素型）技术指标：大量元素（N+P_2O_5+K_2O）含量≥50%或500g/L，中量元素含量≥1.0%或10g/L。

②大量元素水溶肥料（微量元素型）技术指标：大量元素（N+P_2O_5+K_2O）含量≥50%或500g/L，微量元素含量0.2%～3.0%或2～30g/L。

（二）微量元素水溶肥料

微量元素水溶肥料（NY1428—2010）提出了微量元素水溶肥料技术要求。

（1）外观均匀的液体；均匀、松散的固体。

（2）技术指标。

微量元素含量≥10.0%或100g/L。微量元素含量指铜、铁、锰、锌、硼、钼元素含量之和，产品应至少包含1种微量元素。

（三）中量元素水溶肥料

中量元素水溶肥料（NY2266—2012）提出了中量元素水溶肥料技术要求。

（1）外观均匀的液体或固体。

（2）技术指标。

中量元素含量≥10.0%或100g/L。中量元素含量指钙含量、镁含量或钙镁含量之和。

（四）含氨基酸水溶肥料

含氨基酸水溶肥料（NY1429—2010）提出了含氨基酸水溶肥料技术要求。

（1）外观均匀的液体或固体。

（2）技术指标。

①含氨基酸水溶肥料（中量元素型）技术指标：游离氨基酸含量≥10.0%或100g/L，中量元素含量≥3.0%或30g/L。中量元素含量指钙、镁元素含量之和，产品应至少包含1种中量元素。

②含氨基酸水溶肥料（微量元素型）技术指标：游离氨基酸含量≥10.0%或100g/L，微量元素含量≥2.0%或20g/L。中量元素含量指铜、铁、锰、锌、硼、钼元素含量之和，产品应至少包含1种微量元素。

（五）含腐植酸水溶肥料

含腐植酸水溶肥料（NY1106—2010）提出了含腐植酸水溶肥料技术要求。

（1）外观均匀的液体或固体。

（2）技术指标。

①含腐植酸水溶肥料（大量元素型）技术指标：腐植酸含量≥3.0%或30g/L，大量元素含量≥20.0%或200g/L。

②含腐植酸水溶肥料（微量元素型）技术指标：腐植酸含量≥3.0%，微量元素含量≥6.0%。微量元素含量指铜、铁、锌、硼、细元素含量之和，产品应至少包含1种微量元素。

三、水溶肥料的鉴别

随着我国农业现代化水平的提高和水肥一体化技术的推广，水溶肥料越来越得到广泛应用，逐渐成为市场热点，众多厂商开始涉足水溶肥料的生产和销售，相关产品也可谓琳琅满目。但由于我国水溶肥料发展较晚，标准尚不健全，市场集中度低，导致产品质量参差不齐，给种植者选择水溶肥料造成了一定难度。对于如何鉴别水溶肥料的好坏，有关专家给出了一些建议。

（一）看配方

大量元素水溶肥料实际上就是配方肥，即根据不同作物、不同土壤和不同水质配制不同的配方，以最大限度地满足作物营养需要，提高肥料利用率，减少浪费，所以配方是鉴别水溶肥好坏的关键。

1.看氮磷钾的配比

一般高品质的水溶肥料都会有好几个配方，从苗期到采收一般都会找到适宜的配方使用。如常用的高钾配方，根据一般作物坐果期的营养需求，氮：磷：钾控制在2：1：4效果最好，配比不同效果会有很大差异。一般来说，市场上效果表现好的产品，都会遵循这一配比。

2.微量元素全不全、配比是否合理

好的水溶肥料，6种微量元素必须都含有，而且要有一个科学的配比，因为各营养元素之间有拮抗和协同的问题，不是一种或者几种元素含量高了就好，而是配比科学合理了才好。我国市场上有不少水溶肥料，个别微量元素（如硼、铁等）含量比较高，实际上效果并不见得好，吸收利用率也不见得高。

（二）看登记

目前我国水溶肥料实行的是农业部《肥料登记证管理办法》，一般都会在包装上注明适宜的作物，对于没有登记的作物需要有各地使用经验说明。

（三）看含量

好的水溶肥料选用的是工业级甚至是食品级的原材料，纯度很高，而且不会添加任何填充料，因而含量都是比较高的，100%都是可以被作物吸收利用的营养物质，氮磷钾总含量一般不低于50%，单一元素含量不低于4%。微量元素含量是铜、锌、铁、锰、钼、硼等元素含量之和，产品应至少包含1种微量元素，单一微量元素含量应不低于0.05%。

差的水溶肥料一般含量低，每少一点含量，成本就会有差异，肥料的价格也就会有不同；同时低含量的水溶肥料对原料和生产技术要求比较低，一般采用农业级的原材料，含有比较多的杂质和填充料，这些杂质和填充料，不仅对土壤和作物没有任何益处，还会对环境造成破坏。

（四）看标识养分标注

高品质的水溶肥料对保证成分（包括大量元素和微量元素）标注得非常清楚，而且都是单一标注，养分含量明确。非正规厂家的养分含量一般会以几种元素含量总和大于百分之几的字样出现。

（五）看标准和证号

通常说的水溶肥料都有执行标准，一般为农业部颁布的行业标准（见表4-4）。如果出现以GB开头的或与表5-4不符的标准产品都是不合格产品。水溶肥料目前实行的是《肥料登记证管理办法》，一般都有登记证号，可在农业农村部官网上查询。

表4-4　水溶肥料的标准与技术指标

水溶肥料	标准号	指标	技术指标/%
大量元素 水溶肥料	NY1107—2010	大量元素≥	50.0
		中量元素≥	1.0
		大量元素≥	50.0
		微量元素≥	0.2～3.0
微量元素 水溶肥料	NY1428—2010	微量元素≥	10.0
含氨基酸 水溶肥料	NY1429—2010	游离含氨基酸≥	10.0
		中量元素≥	3.0
		游离含氨基酸≥	10.0
		微量元素≥	2.0
含腐植酸 水溶肥料	NY1106—2010	腐植酸≥	3.0
		大量元素≥	20.0
		腐植酸≥	3.0
		微量元素≥	6.0

（六）看防伪标识

一般正规厂家生产的水溶肥料在肥料包装袋上都有防伪标识，它是肥料的"身份证"，每包肥料的防伪标识是不一样的，刮开后在网上或打电话输入数字后便可知肥料的真假。

（七）看重金属标注

正规厂家生产的水溶肥料的重金属离子含量都是低于国家标准的，并且有明显的标注。

（八）看水溶性

植物没有牙齿，不能"吃"肥料，只可以"喝"肥料，因而只有完全溶解于水的肥料才可以被作物吸收和利用。鉴别水溶肥料的水溶性只需要把肥料溶解到清水中，看溶液是否清澈透明，如果除了肥料的颜色之外和清水一样，则水溶性很好；如果溶液有浑浊甚至有沉淀，水溶性就很差，不能用在滴灌系统，肥料的浪费也会比较多。

（九）闻味道

作物和人一样，喜欢"吃"味道好的东西，有刺鼻气味或者其他异味的肥料作物同样也不喜欢。因此，可以通过闻味道来鉴别水溶肥料的品质。好的水溶肥料都是用高纯度的原材料做出来的，没有任何味道或者有一种非常淡的清香味。而有异味的肥料要么是添加了激素，要么是有害物质太多，这种肥料用起来见效很快，但对作物的抗病能力和持续的产量和品质没有任何好处。

（十）做田间对比

通过以上几点简易方法对水溶肥料进行初步筛选后，可做田间对比，通过实际的应用效果确定选用什么水溶肥料。好的肥料见效不会太快，因为养分有个吸收转化的过程。好的水溶肥料用上两三次就会在植株长势、作物品质、作物产量和抗病能力上看出明显的不同来，用的次数越多区别越大。

第五节　茄果类蔬菜水肥一体化技术应用

茄果类蔬菜是指以果实为食用部分的茄科蔬菜，主要包括番茄、辣椒、茄子等，该类蔬菜原产于热带，其共同特点是结果期长、产量高、喜温暖、不耐霜冻、喜强光、根系发达。

一、番茄水肥一体化技术应用

番茄，又名西红柿、洋柿子，一年生草本植物。番茄是喜温、喜光性蔬菜，对土壤条件要求不太严格。主要设施栽培方式有：一是春早熟栽培，主要采用塑料大棚、日光温室等设施；二是秋延迟栽培，主要采用塑料大棚、塑料小拱棚等设施；三是越冬长季栽培，主要采用日光温室等设施；四是越夏避雨栽培，主要采用冬暖大棚夏季休闲进行避雨栽培。

（一）灌溉类型

番茄通常起垄种植，开花结果后一些品种需要搭支架固定。适宜的灌溉方式有微喷带、滴灌、膜下滴灌、膜下微喷带，其中膜下滴灌应用面积最大。

对于滴灌来说，铺设网管时，工作行中间铺设送水管，输水管道一般是三级式，即干管、支管和滴灌毛管，其中毛管滴头流量选用每小时2.8L，滴头间距为30cm，进水口处与抽水机水泵出水口相接，送水管在种植行对应处安装1个带开关的四通接头，直通续接送水管，侧边分别各接1条滴管，使用90cm宽的膜，每条膜内铺设一条滴灌毛管，相邻2条毛管间距2.6m。滴管安装好后，每隔60cm用小竹片拱成半圆形卡过滴管插稳在地上，半圆顶距滴管充满水时距离0.5cm为宜。

（二）水分管理

1.番茄需水规律

番茄植株生长茂盛，蒸腾作用较强，而番茄根系发达，再生能力强，具有较强的吸水能力。因此，番茄植株生长发育既需要较多的水分，又具有半耐旱植物的特点。番茄不同生育阶段对水分的要求不同，一般幼苗期生长较快，为培育壮苗、避免徒长和病害发生，应适当控制水分，土壤含水量在60%～70%为宜。第一花序坐果前，土壤水分过多易引起植株徒长，造成落花落果。第一花序坐果后，果实和枝叶同时迅速生长，至盛果期都需要较多的水分，耗水强度达到1.46mm/d，应经常灌溉，以保证水分供应。在整个结果期，水分应均衡供应，始终保持土壤相对含水量60%～80%。如果水分过多会阻碍根系的呼吸及其他代谢活动，严重时会烂根死秧。如果土壤水分不足则果实膨大慢，产量低。还应避免土壤忽干忽湿，特别是土壤干旱后又遇大水，容易发生大量落果或裂果，也易引起脐腐病。

2.番茄水分管理

番茄从定植到采收末期保持根层土壤处于湿润状态是水分管理的目标。一般保持0～40cm土层处于湿润状态。可以用简易的指测法来判断。用铲挖开滴头下的土壤，当土壤能抓捏成团或搓成泥条时表明水分充足，捏不成团散开表明土壤干燥。通常滴灌每次灌溉1～2h，根据滴头流量大小来定。微喷带每次5～10min，切忌过量灌溉，淋失养分。

番茄生育期长，耗水量较大。移栽后滴定根水，第一次滴水要滴透，直到整个畦面湿润为止。滴灌主要使根系层湿润，因此要经常检查根系周围水分状况。挖开根系周围的土壤，用手抓捏土壤，能捏成团块则表明水分足够，如果捏不成团则表明水分不够，要开始滴灌。滴灌以少量多次为好，直到根系层湿润为止，经常检查田间滴灌是否有破损，及时维修。

定植水，灌水定额15～20m³/667m²，滴灌或沟灌；缓苗水（定植后7d），灌水定额10～20m³/667m²，然后进行中耕蹲苗，至第一穗果膨大，视情况滴水1次或不滴水，灌水定额10m³/667m²；第一穗果膨大至5cm后，5～7d滴水1次，滴水2～3次，每次灌水定额10～12m³/667m²；进入盛果期，4～5天滴水1次，每次灌水定额12～15m³/667m²。定植至拉秧生育期160d左右，滴水20～22次，总灌水量260～300m³/667m²。

定植后及时用滴灌浇1次透水，根据墒情和苗情确定灌水量。苗期每天滴灌3～6次，每次灌水时间1min，每个滴头量16mL/min，每次灌水32L/667m²；生长旺盛期，每天滴灌6～8次，果实膨大以后每天滴灌8次左右，每次灌水时间1～2min，每次灌水32L/667m²，灌水时一定要根据当地天气情况来安排次数。

（三）养分管理

1.番茄需肥规律

番茄是需肥较多、耐肥的茄果类蔬菜。番茄不仅需要氮、磷、钾，而且对钙、镁等的需要量也较大。一般认为，每1000kg番茄需纯氮（N）2.6～4.6kg、有效磷（P_2O_5）0.5～1.3kg、速效钾（K_2O）3.3～51kg、氧化钙2.5～4.2kg、氧化镁0.4～0.9kg。

番茄不同生育时期对养分的吸收量不同，一般随生育期的推进而增加。在幼苗期以氮营养为主，在第一穗果开始结果时，对氮、磷、钾的吸收量迅速增加，氮在三要素中占50%，而钾只占32%；到结果盛期和开始收获期，氮只占36%，而钾已占50%，结果期磷的吸收量约占15%。番茄需钾的特点是从坐果开始一直呈直线上升，果实膨大期吸钾量约占全生育期吸钾总量的70%以上。直到采收后期对钾的吸收量才稍有减少。番茄对氮和钙的吸收规律基本相同，从定植至采收末期，氮和钙的累计吸收量呈直线上升，从第一穗果实膨大期开始，吸收速率迅速增大，吸氮量急剧增加。番茄对磷和镁的吸收规律基本相似，随着生育期的进展对磷、镁的吸收量也逐渐增多，但是与氮相比，累积吸收量都比较低。虽然苗期对磷的吸收量较小，但磷对以后的生长发育影响很大。供磷不足，不利于花芽分化和植株发育。

2.春早熟设施栽培番茄水肥一体化施肥方案

番茄春早熟设施栽培一般利用塑料大棚和日光温室。利用日光温室栽培多在2月上旬至3月上中旬定植，4月上旬至6月上旬收获；利用塑料大棚一般在2月下旬至3月中旬定植，5月上旬至6月中旬收获。

春早熟设施栽培番茄，可以采用滴灌等设备结合灌水进行追肥。如果采取灌溉施肥，生产上常用氮磷钾含量总和为50%以上的水溶性肥料进行灌溉施肥使用，选择适合设施番茄的配方主要有：16-20-14+TE、22-4-24+TE、20-5-25+TE等水溶肥配方。不同生育期灌溉施肥次数及用量可参考表4-5。

表4-5　春早熟设施番茄灌溉施肥水肥推荐方案

单位：kg/667m²

生育期	养分配方	每次施肥量		施肥次数	生育期总用量		每次灌溉水量/m³	
		滴灌	沟灌		滴灌	沟灌	滴灌	沟灌
开花坐果	16-20-14+TE	13-14	14-15	1	13-14	14-15	12-15	15-20
果实膨大	22-4-24+TE	11-12	12-13	4	44-48	48-52	12-15	15-20
采收初期	22-4-24+TE	6-7	7-8	4	24-28	28-32	12-15	15-20
采收盛期	20-5-25+TE	10-11	11-12	8	80-88	88-96	12-15	15-20
采收末期	20-5-25+TE	6-7	7-8	2	12-14	14-16	12-15	15-20

应用说明：

（1）本方案适用于春早熟日光温室越冬番茄栽培，轻壤或中壤土质，土壤pH值为5.5～7.6，要求士层深厚，排水条件较好，土壤磷素和钾素含量中等水平。目标产量10000kg/667m²。

（2）定植前施基肥。定植前3～7d结合整地，散施或沟施基肥。每667m²施生物有机肥400～500kg或无害化处理过的有机肥4000～5000kg、番茄有机型专用肥70～90kg；或每667m²施生物有机肥400～500kg或无害化处理过的有机肥4000～5000kg、尿素15～20kg、过磷酸钙50～60kg、大粒钾肥20～30kg。第1次灌水用沟灌浇透，以促进有机肥的分解和沉实土壤。

（3）番茄是连续开花和坐果的蔬菜，分别在开花坐果期、果实膨大期、采收期多次进行滴灌施肥。肥料品种也可选用尿素、工业级磷酸一铵和氯化钾，进行折算。

（4）采收后期可进行叶面追肥。选择晴天傍晚或雨后晴天喷施1.2%～0.3%磷酸二氢钾或尿素。若发生脐腐病可及时喷施0.5%氯化钙，连喷数次，防治效果明显。

（5）参照灌溉施肥制度表提供的养分数量，可以选择其他的肥料品种组合，并换算成具体的肥料数量。

3.秋延迟设施栽培番茄水肥一体化施肥方案

番茄秋延迟设施栽培一般利用塑料大棚和日光温室。利用日光温室栽培多在8月上旬至下旬定植，11月中旬至翌年1月下旬收获；利用塑料大棚多在8月上中旬定植，10月中旬至11月上旬收获。

秋延迟设施栽培番茄，可以采用滴灌等设备结合灌水进行追肥。如果采取灌溉施肥，生产上常用氮磷钾含量总和为50%以上的水溶性肥料进行灌溉施肥使用，选择适合设施番茄的配方主要有：16-20-14+TE、22-4-24+TE、20-5-25+TE等水溶肥配方。不同生育期灌溉施肥次数及用量可参考表4-6。

表4-6　秋延后设施番茄灌溉施肥水肥推荐方案

单位：kg/667m²

生育期	养分配方	每次施肥量		施肥次数	生育期总用量		每次灌溉水量/m³	
		滴灌	沟灌		滴灌	沟灌	滴灌	沟灌
缓苗后	16-20-14+TE	6-7	7-8	1	6-7	7-8	12-15	15-20
果实膨大	22-4-24+TE	11-12	12-13	4	44-48	48-52	12-15	15-20
采收初期	22-4-24+TE	6-7	7-8	4	24-28	28-32	12-15	15-20
采收盛期	20-5-25+TE	10-11	11-12	8	80-88	88-96	12-15	15-20

应用说明：

（1）本方案适用于秋延迟日光温室越冬番茄栽培，轻壤或中壤土质，土壤pH值为5.5～7.6，要求土层深厚，排水条件较好，土壤磷素和钾素含量中等水平。目标产量8000kg/667m²。

（2）定植前施基肥。定植前3～7d结合整地，撒施或沟施基肥。每667m²施生物有机肥200～300kg或无害化处理过的有机肥2000～3000kg、番茄有机型专用肥50～60kg；或每667m²施生物有机肥200～300kg或无害化处理过的有机肥2000～3000kg、尿素10～15kg、过磷酸钙30～40kg、大粒钾肥12～15kg，第1次灌水用沟灌浇透，以促进有机肥的分解和沉实土壤。

（3）番茄是连续开花和坐果的蔬菜，分别在缓苗后、果实膨大期、采收期多次进行滴灌施肥。肥料品种也可选用尿素、工业级磷酸一铵和氯化钾，进行折算。

（4）采收后期可进行叶面追肥。选择晴天傍晚或雨后晴天喷施0.2%～0.3%磷酸二氢钾或尿素。若发生脐腐病可及时喷施0.5%氯化钙，连喷数次，防治效果明显。

（5）参照灌溉施肥制度表提供的养分数量，可以选择其他的肥料品种组合，并换算成具体的肥料数量。

4.越冬长季设施栽培番茄水肥一体化施肥方案

番茄越冬长季设施栽培一般利用日光温室，多在9月上旬定植，翌年1月至7月收获。

越冬长季设施栽培番茄，可以采用滴灌等设备结合灌水进行追配。如果采取灌溉施肥，生产上常用氮、磷、钾含量总和为50%以上的水溶性肥料进行灌溉施肥使用，选择适合设施番茄的配方主要有：16-20-14+TE、22-4-24+TE、20-5-25+TE等水溶肥配方。不同生育期灌溉施肥次数及用量可参考表4-7。

表4-7　越冬长季设施番茄灌溉施肥水肥推荐方案

单位：kg/667m²

生育期	养分配方	每次施肥量		施肥次数	生育期总用量		每次灌溉水量/m³	
		滴灌	沟灌		滴灌	沟灌	滴灌	沟灌
缓苗后	16-20-14+TE	6-7	7-8	1	6-7	7-8	12-15	15-20
开花坐果	16-20-14+TE	13-14	14-15	1	13-14	14-15	12-15	15-20
果实膨大	22-4-24+TE	11-12	12-13	4	44-48	48-52	12-15	15-20
采收初期	22-4-24+TE	6-7	7-8	4	24-28	28-32	12-15	15-20
采收盛期	20-5-25+TE	10-11	11-12	8	80-88	88-96	12-15	15-20
采收末期	20-5-25+TE	6-7	7-8	2	12-14	14-16	12-15	15-20

应用说明：

（1）本方案适用于越冬长季日光温室越冬番茄栽培，轻壤或中壤土质，土壤pH值为5.5～7.6，要求土层深厚，排水条件较好，土壤磷素和钾素含量中等水平。目标产量10000kg/667m²。

（2）定植前施基肥。定植前3～7d结合整地，撒施或沟施基肥。每667m²施生物有机肥500～600kg或无害化处理过的有机肥5000～6000kg、番茄有机型专用肥60～80kg；或每667m²施生物有机肥500～600kg或无害化处理过的有机肥5000～6000kg、尿素15～25kg、过磷酸钙50～60kg、大粒钾肥20～35kg。第1次灌水用沟灌浇透，以促进有机肥的分解和沉实士壤。

（3）番茄是连续开花和坐果的蔬菜，分别在缓苗后、开花坐果期、果实膨大期、采收期多次进行滴灌施肥。肥料品种也可选用尿素、工业级磷酸一铵和氯化钾，进行折算。

（4）采收后期可进行叶面追肥。选择晴天傍晚或雨后晴天喷施0.2%～0.3%磷酸二氢钾或尿素，若发生脐腐病可及时喷施0.5%氯化钙，连喷数次，防治效果明显。

（5）参照灌溉施肥制度表提供的养分数量，可以选择其他的肥料品种组合，并换算成具体的肥料数量。

5.日光温室越冬栽培番茄水肥一体化施肥方案

表4-8是在山东省日光温室栽培经验的基础上总结得出的日光温室越冬番茄滴灌施肥制度。

表4-8　日光温室越冬番茄滴灌施肥制度

生育时期	灌溉次数	灌水定额 /[m³/667m²·次)]	每次灌溉加入的纯养分量/（kg/667m²）				备注
			N	P_2O_5	K_2O	$N+P_2O_5+K_2O$	
定植前	1	22	12.0	12.0	12.0	36	沟灌
苗期	1	14	3.6	2.3	2.3	8.2	滴灌
开花期	1	12	3.0	1.8	3.0	7.8	滴灌
采收期	11	16	2.9	0.7	4.3	7.9	滴灌
合计	14	224	50.5	23.8	64.6	138.9	

应用说明：

（1）本方案适用于日光温室越冬番茄栽培，轻壤或中壤土质，土壤pH值为5.5～7.6，要求土层深厚，排水条件较好，土壤磷素和钾素含量中等水平。目标产量10000kg/667m²。

（2）定植前施基肥。每667m²施鸡粪3000～5000kg，基施纯（N）、磷（P_2O_5）、钾（K_2O）各12kg，肥料品种可选用三元复合肥（15-15-15）80kg/667m²，或选用尿素15.9kg/667m²、磷酸二铵26.1kg/667m²和氯化钾20kg/667m²。第1次灌水用沟灌浇透，以促进有机肥的分解和沉实土壤。

（3）番茄是连续开花和坐果的蔬菜，从第一花序出现花蕾至坐果，要进行1次滴灌施肥，以促进正常坐果。肥料品种选用尿素6.84kg/667m²、工业级磷酸一铵（N12%、$P_2O_5$61%）3.77kg/667m²和氯化钾3.83kg/667m²。

（4）番茄的营养生长与果实生长高峰相继周期性出现，水肥管理既要保证番茄营养生长，又要保证果实生长。开花期滴灌施肥1次，肥料选用尿素5.75kg/667m²、工业级磷酸一铵2.95kg/667m²和氯化钾5kg/667m²。

（5）番茄收获期较长，一般采收前期3个月每1d灌水1次，后2个月每8d灌水1次。每次结合灌溉进行施肥，每次肥料可选用尿素6kg/667m²、工业级磷酸一铵1.15kg/667m²和氯化钾7.17kg/667m²。

（6）采收后期可进行叶面追肥。选择晴天傍晚或雨后晴天喷施0.2%～0.3%磷酸二氢钾或尿素。若发生脐腐病可及时喷施0.5%氯化钙，连喷数次，防治效果明显。

（7）参照灌溉施肥制度表提供的养分数量，可以选择其他的肥料品种组合，并换算成具体的肥料数量。

二、辣椒水肥一体化技术应用

辣椒属于茄科辣椒属，一年生草本植物，生长期长、产量高，类型和品种很多，辣椒喜温怕冷，喜潮湿怕水涝，忌霜冻，营养要求较高，光照要求不高，但怕强烈的日晒。果实常呈圆锥形或长圆形，以辛辣程度分为甜椒和辣椒。我国辣椒普遍是以冬春育苗，春季露地栽培为主，北方部分省亦实施冬季日光温室栽培。辣（甜）椒的主要设施栽培方式有：一是春提早栽培，主要采用塑料大棚、小拱棚全程覆盖等设施；二是秋延迟栽培，主要采用塑料大棚等设施；三是越冬长季栽培，主要采用日光温室等设施。

（一）灌溉类型

辣椒通常起垄种植，开花结果后一些品种需要搭支架固定。适宜的灌溉方式有微喷带、滴灌、膜下滴灌、膜下微喷灌。

对于滴灌来说，铺设网管时，工作行中间铺设送水管，输水管道一般是三级式，即干管、支管和滴灌毛管，其中毛管滴头流量选用每小时2.8L，滴头间距为30cm。进水口处与抽水机水泵出水口相接，送水管在种植行对应处安装1个带开关的四通接头，直通续接送水管，侧边分别各接1条滴管，使用90cm宽的膜，每条膜内铺设一条滴灌毛管，相邻2条毛管间距2.6m。滴管安装好后，每隔60cm用小竹片拱成半圆形卡过滴管插稳在地上，半圆顶距滴管充满水时距离0.5cm为宜。

（二）水分管理

1.辣椒需水规律

辣椒植株全身需水量不大，但由于根系浅、根量少，对土壤水分状况反应十分敏感，土壤水分状况与开花、结果的关系十分密切。辣椒既不耐旱也不耐涝，只有土壤保持湿润才能高产，但积水会使植株萎蔫。一般大果类型的甜椒品种对水分要求比小果类型辣椒品种更严格。辣椒苗期植株需水较少，以控温通风降湿为主，移栽后为满足植株生长发育应适当浇水，初花期要增加水分，坐果期和盛果期需供应充足的水分。如土壤水分不足，极易引起落花落果，影响果实膨大，果实表面多皱缩、少光泽，果形弯曲。灌溉时做到畦土不积水，如土壤水分过多、淹水数小时，植株就会萎蔫，严重时成片死亡。此外，对空气湿度要求也较严格，开花结果期空气相对湿度以60%~80%为宜，过湿易造成病害，过干则对授粉受精和坐果不利。

2.辣椒水分管理

辣椒是一种需水量不太多，但不耐旱、不耐涝，对水分要求较严格的蔬菜。苗期耗水量最少，定植到辣椒长至3cm左右大小时，滴水量要少，以促根为主，适当蹲苗。进入初果期后，加大滴水量及灌水次数，土壤湿度控制在田间持水量的70%~80%；进入盛果期，需水需肥达到高峰，土壤湿度控制在田间持水量的75%~85%。

定植水，灌水定额15m³/667m²；定植至实果期（7月至8月上旬）4~6d滴水1次，灌水定额6~8m³/667m²；初果期（8月中下旬）5d滴水1次，灌水定额8~10m³/667m²；盛果期（9月）5d滴水1次，灌水定额10~15m³/667m²；植株保鲜（10~11月）10月上旬滴水1次，灌水定额8～15m³/667m²。定植至商品上市生育期130d左右，滴水20～30次，总灌水量190～230m³/667m²。

（三）养分管理

1.辣椒需肥规律

辣椒为吸肥量较多的蔬菜类型，每生产1000kg鲜辣椒约需氮3.5～5.5kg、有效磷（P_2O_5）0.7～1.4kg、速效钾（K_2O）5.5～7.2kg、氧化钙2～5kg、氧化镁0.7～3.2kg。不同产量水平下辣椒氮、磷、钾的吸收量见表4-9。

表4-9　不同产量水平下辣椒氮、磷、钾的吸收量

产量水平/（kg/667m²）	养分吸收量/（kg/667m²）		
	N	P_2O_5	K_2O
2000	10.4	0.9	10.7
3000	15.6	1.4	16.1
4000	20.7	1.9	21.5

辣椒在各个不同生育期，所吸收的氮、磷、钾等营养物质的数量也有所不同。从出苗到现蕾，由于植株根少叶小，干物质积累较慢，因而需要的养分也少，约占吸收总量的5%；从现蕾到初花植株生长加快，营养体迅速扩大，干物质积累量也逐渐增加，对养分的吸收量增多，约占吸收总量的11%；从初花至盛花结果是辣椒营养生长和生殖生长旺盛时期，也是吸收养分和氮素最多的时期，约占吸收总量的34%；盛花至成熟期，植株的营养生长较弱，这时对磷、钾的需要量最多，约占吸收总量的50%；在成熟果收摘后，为了及时促进枝叶生长发育，这时又需较大数量的氮肥。

2.辣椒水肥一体化技术施肥方案

（1）日光温室早春茬辣椒栽培水肥一体化施肥方案。

日光温室早春茬辣椒栽培，一般2月初定植，6月初采收结束。

表4-10　日光温室早春茬辣椒滴灌施肥制度

生育时期	灌溉次数	灌水定额/[m³/667m²·次)]	每次灌溉加入的纯养分量/（kg/667m²）				备注
			N	P_2O_5	K_2O	$N+P_2O_5+K_2O$	
定植前	1	20	6.0	13	6.0	25	施肥定植后沟灌
定植至开花	2	9	1.8	1.8	1.8	5.4	滴灌，可不施肥
开花至坐果	3	14	3.0	1.5	3.0	7.5	滴灌，施肥1次
采收期	6	9	1.4	0.7	2.0	4.1	滴灌，施肥5次
合计	12	136	19.2	20.5	22.8	62.5	滴灌施肥6～7次

应用说明：

本方案适用于日光温室早春茬辣椒栽培种植，选择土层深厚、土壤疏松、保水

保肥性强、排水良好、中等以上肥力的砂质壤土栽培，土壤pH值为7.6，土壤有机质2.5%，纯氮（N）0.15%，有效磷（P_2O_5）48mg/kg，速效钾（K_2O）140mg/kg。11月初育苗，翌年2月初定植，6月初采收完毕，大小行种植，每667m^2定植3000～4000株，目标产量4000kg/667m^2。

①定植前整地，施入基肥，每667m^2施用腐熟的有机肥约5000kg，氮（N）6kg、磷（P_2O_5）13kg和钾（K_2O）6kg，肥料品种可选用复合肥（15-15-15）40kg/667m^2和过磷酸钙50kg。定植前浇足底墒水，灌水量为20m^3。

②定植至开花期灌水2次，其中定植1周后浇缓苗水，水量不宜多，10d左右再浇第2次水。底肥充足时，定植至开花期可不施肥。

③开花至坐果期滴灌3次，其中滴灌施肥1次，以促秧苗健壮。开始采收至盛果期，主要抓好促秧、攻果。肥料品种可选用滴灌专用肥（20-10-20）15kg/667m^2，或选用尿素6.5kg/667m^2、磷酸二氢钾3kg/667m^2和硫酸钾（工业级）4kg/667m^2。

④采收期滴灌施肥5次，每隔1周左右滴灌施肥1次。肥料品种可选用滴灌专用肥（16-8-22）8.7kg/667m^2，或选用尿素3kg/667m^2、磷酸二氢钾1.4kg/667m^2和硫酸钾（工业级）3kg/667m^2。采收成熟期可结合滴灌，单独加入钙、镁肥。

参照灌溉施肥制度表提供的养分数量，可以选择其他的肥料品种组合，并换算成具体的肥料数量。不宜使用含氯化肥。

（2）日光温室早春茬甜椒栽培水肥一体化施肥方案。

甜椒日光温室早春茬栽培，一般2月初定植，6月初采收结束。根据滴灌系统使用水溶肥特点，建议营养生长早期使用"15-30-15"水溶肥配方，营养生长中后期使用"18-3-31-2"（MgO）配方。生长早期每亩合计用"15-30-15"水溶肥配方20kg，中后期每667m^2合计用"18-3-31-2"水溶肥配方76kg。具体分配见表4-11。

表4-11　日光温室早春茬甜椒滴灌施肥分配方案

定植后天数	15-30-15/（kg/667m^2）	18-3-31-2（MgO）/（kg/667m^2）
定植后	3	0
定植后6d	3	0
定植后11d	3	0
定植后16d	3	0
定植后21d	4	0
定植后26d	4	0
定植后33d	0	5
定植后40d	0	5
定植后48d	0	6
定植后56d	0	6

表4-11（续）

定植后天数	15-30-15/（kg/667m²）	18-3-31-2（MgO）/（kg/667m²）
定植后64d	0	8
定植后72d	0	9
定植后80d	0	9
定植后88d	0	10
定植后96d	0	10
定植后104d	0	8
合计	20	76

应用说明：

①本方案适用于日光温室早春茬甜椒栽培种植。选择在土层深厚、土壤疏松、保水保肥性强、排水良好、中等以上肥力的砂质壤土栽培，每亩定植3000～4000株，目标产量4000kg/667m²。

②定植前整地，施入基肥，每667m²施生物有机肥400～500kg或无害化处理过的有机肥4000～5000kg、辣椒有机型专用肥50～60kg；或每667m²施生物有机肥400～500kg或无害化处理过的有机肥4000～5000kg、尿素20～25kg、过磷酸钙50～60kg、大粒钾肥20～30kg。定植前浇足底墒水，灌水量为20m³。

③参照灌溉施肥制度表提供的养分数量，可以选择其他的肥料品种组合，并换算成具体的肥料数量。不宜使用含氯化肥。

三、茄子水肥一体化技术应用

茄子，又名矮瓜、白茄、吊菜子、落苏。草本或亚灌木植物，高可达1m。原产亚洲热带，我国各省区均有栽培。茄子喜温怕湿、喜光不耐阴、喜肥耐肥，生育期长，需肥量大，我国茄子普遍是以冬春育苗，春季露地栽培为主，北方部分省亦实施冬季日光温室栽培。茄子的主要设施栽培方式有：一是春提早栽培，主要采用塑料大棚、日光温室等设施；二是秋延迟栽培，主要采用塑料大棚等设施；三是越冬长季栽培，主要采用日光温室等设施。

（一）灌溉类型

茄子通常起垄种植，适宜的灌溉方式有微喷带、滴灌、膜下滴灌、膜下微喷灌。对于滴灌来说，铺设网管时，工作行中间铺设送水管，输水管道一般是三级式，即干管、支管和滴灌毛管，其中毛管滴头流量选用每小时2.8L，滴头间距为30cm。进水口处与抽水机水泵出水口相接，送水管在种植行对应处安装1个带开关的四通接头，直通续接送水管，侧边分别各接1条滴管，使用90cm宽的膜，每条膜内铺设一条滴灌毛管，相邻2条毛管间距2.6m。滴管安装好后，每隔60cm用小竹片拱成半圆形卡过滴管插稳在地上，半圆顶距滴管充满水时距离0.5厘米为宜。

（二）水分管理

1.茄子需水规律

茄子枝叶繁茂，叶面积大，水分蒸发多。茄子的抗旱性较弱，尤其是幼嫩的茄子植株，当土壤中水分不足时，植株生长缓慢，还常引起落花，而且长出的果实皮粗糙、无光泽、品质差。茄子生长前期需水较少，结果期需水量增多。为防止茄子落花，第一杂花开放时要控制水分，门茄"瞪眼"时表示已坐住果，要及时浇水，以促进果实生长。茄子喜水又怕水，土壤潮湿通气不良时，易引起沤根。空气湿度大，易引起病害，应注意通风排湿。茄子既怕旱又怕涝，但在不同的生育阶段对水分的要求有所不同。一般门茄坐果以前需水少，以后需水量增大，特别是"对茄"收获前后需水量最大。在设施栽培中，适宜的空气相对湿度为70%～80%。田间适宜土壤相对含水量应保持在70%～80%，水分过多易导致徒长、落花或发生病害，但一般不能低于55%。

2.茄子水分管理

茄子定植水要浇够，缓苗后发现缺水可浇水1次，但水量不宜太大，水后及时中耕松土。浇水量要轻，水要小，3月份地温达18℃以上时加大浇水量，盛果期一水一肥。定植后至4月份以前不浇水；5月份后如遇连续晴天，土壤干燥，应及时浇水，如植株发病，不能浇大水，可小水勤浇。

茄子的发芽期，从种子萌动到第一片真叶出现为止，需要15～20d。播种后要注意提高地温。幼苗期，从第一片真叶出现到门茄现蕾，需要50～70d。幼苗3～4片真叶时开始花芽分化，花芽分化之前，幼苗以营养生长为主，生长量很小，水分、养分需要量较少，从花芽分化开始，转为生殖生长和营养生长同时进行。这一段时间幼苗生长量大，水分、养分需求量逐渐增加。分苗应该在花芽分化前进行，以扩大营养面积，保证幼苗迅速生长发育和花器官的正常分化。

（三）养分管理

1.茄子需肥规律

据有关研究资料，生产1000kg茄子需纯氮（N）2.62～3.3kg、有效磷（P_2O_5）0.63～1.0kg、速效钾（K_2O）4.7～5.6kg、氧化钙1.2kg、氧化镁0.5kg，其吸收比例为1：0.27：1.2：0.39：0.16。从全生育期来看，茄子对钾的吸收量最多，氮、钙次之，磷、镁最少。

茄子对各种养分吸收的特点是从定植开始到收获结束逐步增加。特别是开始收获后养分吸收量增多，至收获盛期急剧增加。其中在生长中期吸收钾的数量与吸收氮的情况相近，到生育后期钾的吸收量远比氮素要多，到后期磷的吸收量虽有所增多，但与钾氮相比要小得多。苗期氮、磷、钾三要素的吸收仅分别为其总量的0.05%、0.07%和0.09%。开花初期吸收量逐渐增加，到盛果期至末果期养分的吸收量占全期的90%以上，其中盛果期占2/3左右。各生育期对养分的要求不同，生育初期的肥料主要是促进植株的营养生长，随着生育期的进展，养分向花和果实的输送量增加。在盛花期，氮和钾的吸收量显著增加，这个时期如果氮素不足，花发育不良，短柱花增多，产量降低。

2.茄子水肥一体化技术施肥方案

表4-12　日光温室越冬茄子滴灌施肥制度

生育时期	灌溉次数	灌水定额 /[m³/667m²·次）]	每次灌溉加入的纯养分量/（kg/667m²）				备注
			N	P₂O₅	K₂O	N+P₂O₅+K₂O	
定植前	1	20	5	6		17	沟灌
苗期	2	10	1	1	0.5	2.5	滴灌
开花期	3	10	1	1	1.4	3.4	滴灌
采收期	10	15	1.5	0	2	3.5	滴灌
合计	16	220	25	11	31.2	67.2	

应用说明：

①本方案适用于日光温室越冬栽培。选择有机质含量较高、疏松肥沃、排水良好的土壤，土壤pH值为7.5左右。采用大小行定植，大行70cm，小行50cm，株距45cm，早熟品种每667m²株数3000～3500株，晚熟品种每667m²株数2500～3000株，目标产量4000kg/667m²。

②定植前施基肥，每667m²施腐熟的有机肥5000kg、纯氮（N）5kg、有效磷（P₂O₅）6kg、速效钾（K₂O）6kg，肥料品种可选用尿素5kg/667m²、磷酸二铵13kg/667m²、氯化钾10kg/667m²，或使用三元素复合肥（15-15-15）40kg/667m²，结合深松耕在种植带开沟将基肥施入，定植前沟灌1次，灌水量20m³。

③苗期不能过早灌水，只有当土壤出现缺水状况时，才能进行滴灌施肥，肥料品种可选用尿素2.2kg/667m²和磷酸二氢钾2kg/667m²。

④开花后至坐果前，应适当控制水肥供应，以利开花坐果，开花期滴灌施肥1次，肥料可选用尿素22kg/667m²、磷酸二氢钾2kg/667m²和氯化钾1.4kg/667m²。

⑤进入采收期后，植株对水肥的需要量增大，一般前期每隔8d滴灌施肥1次，中后期每隔5d滴灌施肥1次。每次肥料品种可选用尿素3.26kg/667m²、氯化钾3.33kg/667m²。

⑥参照灌溉施肥制度表提供的养分数量，可以选择其他的肥料品种组合，并换算成具体的肥料数量。

第六节　瓜类蔬菜水肥一体化技术应用

瓜类蔬菜是指葫芦科植物中以果实供食用的栽培种群。瓜类蔬菜种类较多，主要有黄瓜、西葫芦、南瓜、冬瓜、苦瓜、丝瓜、青瓜、瓠瓜、佛手瓜等。其中，黄瓜为果菜兼用的大众蔬菜，南瓜、苦瓜是药食兼用的保健蔬菜，冬瓜为秋淡季的主要蔬菜，其他瓜类则风味各异，都是膳食佳品。

一、黄瓜水肥一体化技术应用

黄瓜，又名胡瓜、刺瓜、王瓜、勤瓜、青瓜、唐瓜、吊瓜，葫芦科黄瓜属植物，一年生蔓生或攀缘草本。中国各地普遍栽培，夏秋多露地栽培，冬春多设施栽培。黄瓜的主要设施栽培方式有：一是春提早栽培，主要采用塑料大棚、日光温室等设施；三是秋延迟栽培，主要采用塑料大棚等设施；三是越冬长季栽培，主要采用日光温室或连栋温室等设施。

（一）灌溉类型

黄瓜通常起垄种植，适宜的灌溉方式有滴灌、膜下滴灌、膜下微喷灌，其中膜下滴灌应用面积最大。滴灌时，可用薄壁滴灌带，厚壁0.2～0.4mm，滴头间距20～40m，流量1.5～2.5L/h，采用喷水带时，尽量选择流量小的。

简易滴灌系统主要包括滴灌软管、供水软管、三通、吸水泵、施肥器。滴水软管上交错打双排滴孔，滴孔间距25cm左右。把软管滴孔向上铺在黄瓜小沟中间，末端扎牢。首端用三通与供水软管或硬管连接。供水管东西向放在后立柱处，一端扎牢，另一端与施肥器、水泵要连接。水泵可用小型电动水泵。若浇水，接通电源，可自动浇水，浇水的时间长短，视土壤墒情及黄瓜生长需求而定。如果想浇水并进行追肥，可接上施肥器，温室内进行滴灌安装，必须在覆盖地膜之前把滴灌软管先铺在小沟内，再盖地膜。

（二）水分管理

1.黄瓜需水规律

黄瓜需水量大，生长发育要求有充足的土壤水分和较高的空气湿度。黄瓜吸收的水分绝大部分用于蒸腾，蒸腾速率高，耗水量大。试验结果表明，露地种植时，平均每株黄瓜干物质重133g，单株黄瓜整个生育期蒸腾量101.7kg，平均每株每日蒸腾量1591g，平均每形成1g干物质，需水量765g，即蒸腾系数为765。一般情况下，露地栽培的黄瓜蒸腾系数为400～1000，保护地栽培的黄瓜蒸腾系数为400以下。黄瓜不同生育期对水分需求有所不同、幼苗期需水量少，结果期需水量多。黄瓜的产量高，收获时随着产品带走的水分数量也很多，这也是黄瓜需水量多的原因之一。黄瓜植株耗水量大，而根系多分布于浅层土壤中，对深层土壤水分利用率低，植株的正常发育要求土壤水分充足，一般土壤相对含水量80%以上时生长良好，适宜的空气相对湿度为80%～90%。

2.黄瓜水分管理

黄瓜定植后要强调灌好3～4次水，即稳苗水、定植水、缓苗水等。在浇好定植缓苗水的基础上，当植株长有4片真叶，根系将要转入迅速伸展时，应顺沟浇1次大水，以引导根系继续扩展。随后就进入适当控水阶段，此后，直到根瓜膨大期一般不浇水，主要加强保墒，提高地温，促进根系向深处发展。结果以后，严冬时节即将到来，植株生长和结瓜虽然还在进行，但用水量也相对减少，浇水不当还容易降低地温和诱发病害。天气正常时，一般7d左右浇1次水，以后天气越来越冷，浇水的间隔时间可逐渐延长到10～12d。浇水一定要在晴天的上午进行，可以使水温和地温更接近，减小根系因灌水受到的刺激；并有时间通过放风排湿使地温得到恢复。

浇水间隔时间和浇水量也不能完全按上面规定的天数硬性进行，还需要根据需要和黄瓜植株的长相、果实膨大增重和某些器官的表现来衡量判断。瓜秧深绿，叶片没有光泽，卷须舒展是水肥合适的表现；卷须呈弧状下垂，叶柄和主茎之间的夹角大于45°，中午叶片有下垂现象，是水分不足的表现，应选晴天及时浇水。浇水还必须注意天气预报，一定要使浇水后能够遇上几个晴天，浇水遇上连阴天是非常被动的事情。

也可通过经验法或张力计法进行确定是否需要灌水和确定灌水时间。在生产实践中可凭经验判断土壤含水量。如壤土和砂壤土，用手紧握形成土团，再挤压时土团不易碎裂，说明土壤湿度大约在最大持水量的50%以上，一般不进行灌溉；如手捏松开后不能形成土团，轻轻挤压容易发生裂缝，证明水分含量少，及时灌溉。夏秋干旱时期还可根据天气情况决定灌水时期，一般连续高温干旱15d以上即需开始灌溉，秋冬干旱可延续20d以上再开始灌溉。当用张力计检测水分时，一般可在菜园土层中埋1支张力计，埋深20cm。土壤湿度保持在田间持水量的60%～80%，即土壤张力在10～20cN时有利于黄瓜生长。超过20cN表明土壤变干，要开始灌溉，张力计读数回零时为止。当用滴灌时，张力计埋在滴头的正下方。

（三）养分管理

1.黄瓜需肥规律

黄瓜的营养生长与生殖生长并进时间长，产量高，需肥量大，喜肥但不耐肥，是典型的果蔬型瓜类作物。每1000kg商品瓜约需纯氮（N）2.8～3.2kg、有效磷（P_2O_5）1.2～1.8kg、速效钾（K_2O）3.3～4.4kg、氧化钙2.9～3.9kg、氧化镁0.6～0.8kg。氮、磷、钾的比例为1∶0.4∶1.6。黄瓜全生育期需钾最多，其次是氮，再次为磷。

黄瓜对氮、磷、钾的吸收是随着生育期的推进而有所变化的，从播种到抽蔓吸收的数量增加，进入结瓜期，对各养分吸收的速度加快；到盛瓜期达到最大值，结瓜后期则又减少。它的养分吸收量因品种及栽培条件而异。各部位养分浓度的相对含量，氮、磷、钾在收获初期偏高，随着生育时期的延长，其相对含量下降；而钙和镁则是随着生育期的延长而上升。

2.日光温室越冬黄瓜滴灌水肥一体化技术施肥方案

表4-13 日光温室越冬黄瓜滴灌施肥制度

生育时期	灌溉次数	灌水定额 /[m³/667m²·次)]	每次灌溉加入纯养分量/（kg/667m²）				备注
			N	P₂O₅	K₂O	N+P₂O₅+K₂O	
定植前	1	22	15.0	15.0	15.0	45	沟灌
定植至开花	2	9	1.4	1.4	1.4	4.2	滴灌
开花至坐果	2	11	2.1	2.1	2.1	6.3	滴灌
坐果至采收	17	12	1.7	1.7	3.4	6.8	滴灌
合计	22	266	50.9	50.9	79.8	181.6	

应用说明：

①方案适用于日光温室越冬栽培黄瓜，轻壤或中壤土质，土壤pH值为5.5～7.6，要求土层深厚，排水条件较好，土壤磷素和钾素含量中等水平。大小行种植，每667m²定植2900～3000株，目标产量13000～15000kg/667m²。

②定植前施基肥，每667m²施鸡粪3000～4000kg，基施氮（N）、有效磷（P₂O₅）、速效钾（K₂O）各15kg，肥料品种可选用15-15-15的复合肥100kg/667m²，或每667m²使用尿素19.8kg、磷酸二铵32.6kg、氯化钾25kg。第1次灌水用沟灌浇透，以促进有机肥的分解和沉实土壤。

③瓜生长前期应适当控制水肥，灌水和施肥量要适当减少，以控制茎叶的长势，促进根系发育，促进叶片和果实的分化。定植至开花期进行2次滴灌施肥，每667m²用复合肥料（20-20-20）7kg，或尿素1.52kg、工业级磷酸一铵（N12%、P₂O₅61%）2.3kg、氯化钾2.33kg。

④开花至坐果期滴灌施肥2次，每667m²用复合肥（20-20-20）10.5kg，或尿素3.67kg、工业级磷酸一铵3.44kg、氯化钾3.5kg。

⑤黄瓜是多次采收，采收期可长达1～3个月。为保证产量，采收期一般每周要进行1次滴灌施肥，结果后期间隔时间可适当延长。每667m²用复合肥（20-20-20）11.3kg，或尿素2.97kg、工业级磷酸一铵2.79kg、氧化钾5.67kg。

⑥在滴灌施肥的基础上，可根据植株长势，叶面喷施磷酸二氢钾、钙肥和微量元

素肥料。

⑦参照灌溉施肥制度表提供的养分数量，可以选择其他的肥料品种组合，并换算成具体的肥料数量。

3.设施早春茬黄瓜膜下软管滴灌施肥方案

近年来，膜下软管滴灌新技术在北方日光温室逐步得到应用，效果很好。现将北方日光温室春茬黄瓜膜下软管滴灌栽培技术介绍如下。

（1）软管滴灌设备。主要由以下几部分组成：

①输水软管。大多采用黑色高压聚乙烯或聚氯乙烯软管，内径40～50mm，作为供水的干管或支管应用。

②滴灌带。由聚乙烯吹塑而成，国内厂家目前生产的有黑色、蓝色2种，膜厚0.10～0.15mm，直径30～50mm，软管上每隔25～30cm打1对直径为0.07mm大小的滴水孔。

③软管接头。用于连接输水软管和滴灌带，由塑料制成。

④辅助部件。包括施肥器、变径三通、接头、堵头、亮度通，可根据不同的铺设方式选用。

（2）苗期管理。苗床内温差管理，白天25～30℃，前半夜15～18℃，后半夜11～13℃。早晨揭苫10℃左右，地温13℃以上，白天光照要足，床土见湿见干，育苗期30～35d。

（3）适时定植。选择晴天定植，株距25cm，每667m²定植3500～3700株。定植时667m²穴施磷酸二铵7～10kg。浇透定植水，水渗下后把灌水沟铲平，以待覆地膜。

（4）铺管与覆膜。北方日光温室的建造方位多为东西延长，根据温室内做畦的方向，滴灌带的铺设方式有以下几种：

①南北向铺滴灌带。要求全长最多不超过50m，若温室超过50m，应在进水口两侧输水软管上各装1个阀门，分成2组轮流滴灌。

②东西向铺滴灌带。有2种方式：一是在温室中间部位铺设2条输水软管，管上用接头连接滴灌带，向温室两侧输水滴灌；二是在大棚的东西两侧铺设输水软管，管上用接头连接滴灌带，向一侧输水滴灌。软管铺设后，应通水检查滴灌带滴水情况，要注意软滴水带的滴孔应朝上，如果正常，即绷紧拉直，末端用竹木棍固定。然后覆盖地膜，绷紧、放平，两侧用土压实。定植后扣小拱棚保温。

（5）水肥管理。定植水要足，缓苗水用量以黄瓜根际周围有水迹为宜。此后，要进行适当的蹲苗，在蔬菜生长旺盛的高温季节，增加浇水次数和浇水量。

基肥一般每667m²施腐熟的鸡粪1500～3000kg。滴灌只能施化肥，并必须将化肥溶解过滤后输入滴灌带中随水追肥。目前国内生产的软管滴灌设备有过滤装置，用水桶等容器把化肥溶解后，用施肥器将化肥溶液直接输入到滴灌带中，使用很方便（表4-14）。

表4-14　日光温室早春茬黄瓜膜下软管滴灌施肥制度

生育时期	灌溉次数	灌水定额 /[m³/(667m²·次)]	每次灌溉加入纯养分量/（kg/667m²)			备注
			N	P₂O₅	K₂O	
定植前	1	40	10.0	15.0	20.0	沟灌
定植至苗期	3~4	20	3~4		4	滴灌
盛花期	1~2	20	5		1	滴灌
初瓜期	2	20~30	11.2		6	滴灌
盛瓜期	3~5	25	4		5~6	滴灌
末瓜期	1~2	12	5	1.7	3~4	滴灌

注：目标产量为6000~8000kg/667m²

（6）妥善保管滴灌设备。输水软管及滴灌带用后清洗干净，卷好放到阴凉的地方保存，防止高、低温和强光曝晒，以延长使用寿命。

二、西葫芦水肥一体化技术应用

西葫芦，又名占瓜、茄瓜、熊（排）瓜、白瓜、小瓜、番瓜、角瓜、荀瓜等。西葫芦为一年生蔓生草本，有矮生、半蔓生、蔓生三大品系。春夏多露地栽培，秋冬多设施栽培。西葫芦的主要设施栽培方式有：一是春提早栽培，主要采用塑料大棚、日光温室等设施；二是秋延迟栽培，主要采用塑料大棚、日光温室等设施；三是越冬长季栽培，主要采用日光温室或连栋温室等设施。

（一）灌溉类型

西葫芦通常起垄种植，适宜的灌溉方式有滴灌、膜下滴灌、膜下微喷灌，其中膜下滴灌应用面积最大。滴灌时，可用薄壁滴灌带，壁厚0.2~0.4mm，滴头间距20~40mm，流量1.5~2.5L/h。采用喷水带时，尽量选择流量小的。

（二）水分管理

1.西葫芦需水规律

西葫芦是需水量较大的作物，虽然西葫芦本身的根系很大，有较强的吸水能力，但是由于西葫芦的叶片大，蒸腾作用旺盛，所以在种植时要适时浇水灌溉，缺水易造成落叶萎蔫和落花落果。但是水分过多时，又会影响根的呼吸，进而使地上部分出现生理失调。生长发育的不同阶段需水量有所不同，自幼苗出土后到开花，西葫芦需水量不断增加。开花前到开花坐果应严格控制土壤水分，达到控制茎叶生长，促进坐瓜的目的。坐果期水分供应充足则有利于果实生长。空气湿度太大，开花授粉不良，坐果比较难，而且空气湿度大时各种病虫害发生严重。

2.西葫芦水分管理

西葫芦露地栽培的带土块或营养钵移苗，定植后浇足水。缓苗后接着中耕、蹲苗，适当控制浇水，促进根系生长和花芽分化。当第一瓜坐住后停止蹲苗。西葫芦叶片大，蒸腾旺盛，高温季节要定期补充水分；雨后要开沟排水，防止积水烂根。

设施栽培西葫芦定植时浇透水。缓苗后，土壤干燥缺水，可顺沟浇一水。大行间进行中耕，以不伤根为度。在第一个瓜坐住，长有10cm左右长时，可结合追肥浇第1次水。以后浇水"浇瓜不浇花"，一般5～7d浇一水。严冬时节适当浇水，一般10～15d浇一水。浇水一般在晴天上午进行，尽量膜下沟灌。空气相对湿度保持在45%～55%为好。严冬要控制地面水分蒸发。在空气湿度条件允许的情况下，于中午前后通一阵风。

浇水间隔时间和浇水量可通过经验法或张力计法进行确定是否需要灌水和确定灌水时间。在生产实践中可凭经验判断土壤含水量。如壤土和砂壤土，用手紧握形成土团，再挤压时土团不易碎裂，说明土壤湿度大约在最大持水量的50%以上，一般不进行灌溉；如手捏松开后不能形成土团，轻轻挤压容易发生裂缝，证明水分含量少，及时灌溉。夏秋干旱时期还可根据天气情况决定灌水时期，一般连续高温干旱15d以上即需开始灌溉，秋冬干旱可延续20d以上再开始灌溉。当用张力计检测水分时，一般可在菜园土层中埋1支张力计，埋深20cm。土壤湿度保持在田间持水量的60%～80%，即土壤张力在10～20cN时有利于西葫芦生长。超过20cN表明土壤变干，要开始灌溉，张力计读数回零时为止。当用滴灌时，张力计埋在滴头的正下方。

（二）养分管理

1.西葫芦需肥规律

西葫芦由于根系强大，吸肥吸水能力强，因而比较耐肥耐抗旱，对养分的吸收以钾为最多，氮次之，再次为钙和镁，磷最少。每生产1000kg西葫芦果实，需要吸收纯氮（N）3.92～5.47kg、有效磷（P_2O_5）2.13～2.22kg、速效钾（K_2O）4.09～7.29kg，其吸收比例为1：0.46：1.21。每667m^2生产一茬西葫芦，大约需要从中吸收纯氮（N）18.8～32.9kg、有效磷（P_2O_5）8.72～15.26kg、速效钾（K_2O）22.76～39.83kg。

西葫芦不同生育期对肥料种类、养分比例需求有所不同。出苗后到开花结瓜前需供给充足氮肥，促进植株生长，为果实生长奠定基础。前1/3的生育阶段对氮、磷、钾、钙的吸收量少，植株生长缓慢，中间1/3的生育阶段是果实生长旺期，随生物量的剧增而对氮、磷、钾的吸收量也猛增，此期增施氮、磷、钾肥有利于促进果实的生长，提高植株连续结果能力。而在最后1/3的生育阶段里，生长量和吸收量增加更显著。因此，西葫芦栽培中施缓效基肥和后期及时追肥对高产优质更为重要。

2.西葫芦水肥一体化技术施肥方案

表4-15　日光温室西葫芦滴灌施肥制度

生育时期	灌溉次数	灌水定额/[m³/667m²·次）]	每次灌溉加入纯养分量/（kg/667m²）				备注
			N	P₂O₅	K₂O	N+P₂O₅+K₂O	
定植前	1	20	10	5	0	15	沟灌
定植至开花	2	10	0	0	0	0	滴灌
	2	10	0.8	1	0.8	2.6	滴灌
开花至坐果	1	12	0	0	0	0	滴灌
坐果至采收	4	12	1.5	1	1.5	4	滴灌
	8	15	1	0	1.5	2.5	滴灌
合计	18	240	25.6	11	19.6	56.2	

应用说明：

①本方案适用于西葫芦温室栽培。以pH值5.5～6.8 的砂质壤土或壤土为宜。温室西葫芦主要以越冬茬和早春茬为主，越冬茬10月下旬或11月初定植，12月中旬开始收获，直至2月下旬或3月上旬。早春茬1月中、下旬定植，2月下旬开始收获，直至5月下旬。定植密度2300株/667m²，目标产量5000kg/667m²。

②定植前每667m²施基施优质腐熟的农家肥5000kg、纯氮（N）10kg、有效磷（P₂O₅）5kg、速效钾（K₂O）5kg，也可选择磷酸一铵10kg/667m²、尿素20kg/667m²。沟灌水20m³/667m²。

③定植到开花滴灌4次，平均每10d灌1次水。其中前2 次主要根据土壤墒情进行滴灌，不施肥，以免苗发过旺。后2次根据苗情实施灌溉施肥，每次肥料品种可选用工业级磷酸一铵1.6kg/667m²、尿素1.3kg/667m²、硫酸钾2kg/667m²。

④开花到坐果期只灌溉1次，不施肥。

⑤西葫芦坐果后10～15d开始采收，采收前期每7～8d滴灌施肥1次，同时结合灌溉进行施肥，每次肥料品种可选用工业级磷酸一铵1.6kg/667m²、尿素2.8kg/667m²、硫酸钾3kg/667m²。采收后期气温回升，每6～7d滴灌施肥1次，肥料品种可选用尿素2.2kg/667m²、硫酸钾3kg/667m²。

⑥参照灌溉施肥制度表提供的养分数量，可以选择其他的肥料品种组合，并换算成具体的肥料数量。

第七节　叶菜类蔬菜水肥一体化技术应用

叶类蔬菜包括白菜类、绿叶菜类、芽菜类等几大类。主要有白菜类中的大白菜、结球甘蓝、花椰菜，绿叶菜类中的菠菜、芹菜、油菜、香菜（芫荽）、生菜、空心菜（蕹菜）、木耳菜、荠菜、苋菜、茼蒿、茴香，芽菜类中的豌豆苗、菊苣芽、荞麦芽、萝卜芽、佛手瓜等。

一、白菜水肥一体化技术应用

白菜原产于我国北方，俗称大白菜。引种南方，南北各地均有栽培。黄河流域一年可栽培春茬、夏茬和秋茬，东北地区可栽培春茬和秋茬，青藏高原和大兴安岭北部地区一年只栽培一茬，华南地区可以周年栽培。目前我国各地多以秋季栽培为主。也有利用设施进行越夏白菜栽培。

（一）灌溉类型

白菜多为露地栽培，水肥一体化技术应用较少。最适宜的灌溉方式为微喷灌。微喷灌可分为移动式喷灌、半固定式喷灌和固定式喷灌。在水源充足的地区（畦沟蓄水），采用船式喷灌机。一些农场采用滴灌管，滴头间距20～30cm，流量1.0～2.5L/h，用薄壁灌带。微喷器的喷水直径一般为6m，为保持其灌溉的均匀性，应采用喷水区域圆周重叠法，可将微喷器安装间距设定为2.5m，使相邻的2个喷水器的喷水区域部分相重叠。

（二）水分管理

1.白菜需水规律

大白菜叶片多，叶面角质层薄，大白菜不同生长期对水分要求是不同的，幼苗期土壤持水量要求65%～80%（土壤湿润），莲座期是叶片生长最快的时期，但需水量较少，一般土壤含水量15%～18%即可。结球期是大白菜需水最多的时期，必须保持含水量19%～21%，不足时需要灌水。

2.白菜水分管理

白菜发芽期和幼苗期需水量较少，但种子发芽出土需有充足水分；幼苗期根系弱而浅，天气干旱应及时浇水，保持地面湿润，以利幼苗吸收水分，防止地表温度过高灼伤根系。莲座期需水较多，掌握地面见干见湿，对莲座叶生长既促又控。结球期需水量最多，应适时浇水。结球后期则需控制浇水，以利贮存。

（1）经验法：在生产实践中可凭经验判断土壤含水量，如壤土和砂壤土，用手紧握形成土团，再挤压时土团不易碎裂，说明土壤湿度大约在最大持水量的50%以上，一般不进行灌溉；如手捏松开后不能形成土团，轻轻挤压容易发生裂缝，证明水分含量少，及时灌溉。夏秋干旱时期还可根据天气情况决定灌水时期，一般连续高温干旱15d以上即需开始灌溉，秋冬干旱可延续20d以上再开始灌溉。

（2）张力计法：白菜为浅根性作物，绝大部分根系分布在30cm土层中。当用张力计检测水分时，一般可在菜园土层中埋1支张力计，埋深20cm。土壤湿度保持在田间持水量的60%～80%，即土壤张力在10～20cN时有利于白菜生长。超过20cN表明土壤变干，要开始灌溉，张力计读数回零时为止。当用滴灌时，张力计埋在滴头的正下方。

（3）适时浇水：白菜定植后及时灌足定根水，随后结合中耕培土1～2次之后根据天气情况适当灌水以保持土壤湿润。每次灌水时间为3～4h，土壤湿润层15cm，喷灌时间一般选在上午或下午，这时进行灌溉后地温能快速上升。喷水时间及间隔可根据蔬菜不同生长期和需水量来确定。大白菜从团棵到莲座期，可适当喷灌数次，莲座末期可适当控水数天。大白菜进入结球期后，需水分最多。因此，刚结束蹲苗就要喷水1次，喷灌时间为3～4h，然后隔2～3d再接着喷灌第2次水以后，一般5～6d喷水1次。使土壤保持湿润，前期灌水的水量要比后期小才能保证高产。

（三）养分管理

1.白菜需肥规律

大白菜生长迅速，产量很高，对养分需求较多（表4-13）。每生产1000kg大白菜需吸收纯氮（N）1.3～2.5kg、有效磷（P_2O_5）0.6～1.2kg、速效钾（K_2O）2.2～3.7kg。三要素大致比例为2.5∶1∶3。由此可见，吸收的钾最多，其次是氮，磷最少。

表4-16　不同产量水平下大白菜氮、磷、钾的吸收量

产量水平/（kg/667m²）	养分吸收量/（kg/667m²）		
	N	P_2O_5	K_2O
5000	12.0	1.5	8.5
6000	14.4	2.2	9.2
8000	19.2	2.8	10.3
10000	22.4	3.3	13.8

大白菜的养分需要量各生育期有明显差别。一般苗期（自播种起约31d），养分吸收量较少，氮吸收占吸收总量的5.1%～7.8%，磷吸收占吸收总量的3.2%～5.3%，钾吸收占吸收总量的3.6%～7.0%，进入莲座期（自播种起31～50d），大白菜生长加快，养分吸收增长较快，氮吸收占吸收总量的27.5%～40.1%，磷吸收占吸收总量的29.1%～45.0%，钾吸收占吸收总量的34.6%～54.0%。结球初、中期（自播种起50～69d）是生长最快养分吸收最多的时期，氮吸收占吸收总量的30%～52%，磷吸收占吸收总量的32%～51%，钾吸收占吸收总量的4%～51%。结球后期至收获期（自播种起69～88d），养分吸收量明显减少，氮吸收占吸收总量的16%～24%，磷吸收占吸收总量的5%～20%，而钾吸收占吸收总量已不足10%。可见，大白菜需肥最多的时期是莲座期及结球初期，也是大白菜产量形成和优质管理的头键时期，要特别注意施肥。

2.白菜喷灌水肥一体化技术施肥方案

（1）整地施肥。大白菜不能连茬，不能与其他十字花科蔬菜轮作，这是预防病虫害的重要措施之一。前茬作物收获后，要及时整地施肥，可施有机肥4000～5000kg/667m²、氮磷钾复合肥25～40kg/667m²。

（2）适时播种。种植大白菜一般采用高垄和平畦2种模式栽培。高垄一般每垄栽1行，垄高12～15cm；平畦每畦栽2行，畦宽依品种而定。早熟品种行距55～60cm，株距40～50cm，每667m²栽苗3000株左右；中晚熟品种行距55～60cm，株距55～60cm，每667m²栽苗2500株左右。播种当日或次日喷灌1遍，务求将垄面湿透。播种第3d浇第2遍水促使大部分幼芽出土。

（3）苗期管理。苗出齐后，在子叶期、拉十字期、3～4叶期进行间苗。在5～6叶时定苗，苗距10cm。幼苗期植株生长速度很快，但是根系很小，吸收能力很弱。因此，必须及时追肥和浇水。干旱时应2～3d喷灌1次，每次1～2h，保持地面湿润。大白菜苗期蚜虫发生严重，且易导致病毒病的流行。为此应用纱网阻挡蚜虫为害，并及时进行药剂防治。

（4）定植。苗龄一般在15～20d，幼苗有5～6片真叶时，为移栽的最佳短期。移栽最好在下午进行。根据品种的特性确定适宜的密度。栽后立即浇水。以后每天早晚各浇1次水，连续3～4d，以利缓苗保活。

（5）合理施肥。喷灌能够随水施肥，提高肥效。宜施用易溶解的化肥，每次尿素3～4kg＋磷酸二氢钾1～2kg，先将化肥溶解后倒入施肥罐内，因施肥罐连通支水管，所以打开施肥阀，调节注水阀，待水管中有水流时即可开始喷，一般1次喷15～20min。化肥溶液与水之比可根据蔬菜生长情况而定。喷灌施肥后，继续喷水3～5min，以清洗管道和喷头。

（6）捆叶收获。大白菜生长后期，天气多变，气温日渐下降，为防霜冻，要及时捆扎。一般在收获前10～15d，停止浇水，将莲座叶扶起，抱住叶球，然后用浸透的甘薯秧或谷草将叶捆住。使包心更坚实并继续生长。小雪前2～3d，应及时收获，并在田间晾晒，待外叶萎蔫，即可贮藏。

二、莴苣水肥一体化技术应用

莴苣是菊科莴苣属一年生或二年生草本植物。莴苣按食用部位可分为叶用莴苣和茎用莴苣2类，叶用莴苣又称生菜，茎用莴苣又称莴笋、香笋。

（一）灌溉类型

莴苣整个生长发育过程需水需肥比较频繁，灌溉的时间和所需肥水也不相同，所以采用高效肥水一体化灌溉势在必行，莴苣适宜的灌溉模式以微喷灌、滴灌等最常用，大棚种植采用悬挂式微喷灌最适宜。

微型喷灌具有小范围、小喷量、小冲击力的灌溉特性，适合莴苣水肥一体化使用。在夏季使用时还有良好的降温效果。既可满足作物需要，又可将对地温、空气、湿度的影响降到最小。减少了病害的发生，另外，还可利用微型喷灌进行根外追肥，为蔬菜生长补充养分。微喷灌技术原则上可用于任何地形，比地面灌溉系统减少了大量输水损失，避免了面积水、径流和深层渗漏，节水30%～52%，增产20%～30%，能扩大播种面积30%～50%，同时还具有增产、保土保肥、适应性强，便于机械化和自动化控制等优点。

微喷器的喷水直径一般为6m，为保持其灌溉的均匀性，应采用喷水区域圆周重叠法，可将微喷器安装间距设定为2.5m，使相邻的2个喷水器的喷水区域部分相重叠。6m宽棚装1排，微喷器间距2.5m；8m宽棚装2排，微喷器间距4m，梅花形排列。一般每667m^{2}安装喷头35～40支，每小时可喷水2.5～3t。

（二）水分管理

1.莴苣需水规律

莴苣叶片较多，叶面积较大，蒸腾量也大，消耗水分较多，需水也较多。莴苣生长期65d左右，每667m^{2}需水量215m^3，平均每天需水量为3.3m^3。叶用莴苣在不同生育期对水分的需求不同，种子发芽出土时，需要保持苗床土壤湿润，以利于种子发芽出土。幼苗期适当控制浇水，土壤保持见干见湿。发棵期要适当蹲苗，促进根系生长。结球期要供应充足的水分，结球后期浇水不能过多。

2.莴苣水分管理

莴苣不同生育期需水量不同，幼苗期供水均匀，防止幼苗老化或徒长，莲座期应适当控制水分，促进功能叶生长，为结球或嫩茎肥大奠定物质基础，结球期或茎部肥大期水分要充足，此期缺水则叶球小，或嫩茎瘦弱，产量低，味苦涩，特别是后期水分要均匀，不可过多过少，以免生长不平衡，导致裂球或裂茎，易引起软腐病和菌核病的发生。

（1）经验法：在生产实践中可凭经验判断土壤含水量，如壤土和砂壤土，用手紧握形成土团，再挤压时土团不易碎裂，说明土壤湿度大约在最大持水量的50%以上，一般不进行灌溉：如手松开后不能形成土团，轻轻挤压容易发生裂缝，证明水分含量少，及时灌溉。夏秋干旱时期还可根据天气情况决定灌水时期，一般连续高温干旱15d以上即需开始灌溉，秋冬干旱可延续20d以上再开始灌溉。

（2）张力计法：莴苣为浅根性作物，绝大部分根系分布在30cm土层中，当用张力计检测水分时，一般可在菜园土层中埋1支张力计，埋深20cm。土壤湿度保持在田间持水量的60%～80%，即土壤张力在10～20cN时有利于生长。超过20cN表明土壤变干，要开始灌溉，张力计读数回零时为止。当用滴灌时，张力计埋在滴头的正下方。

（三）养分管理

1.莴苣需肥规律

据有关资料报道，莴苣每形成1000kg产品，大约从土壤中吸收纯氮（N）2.5kg、有效磷（P_2O_5）1.2kg、速效钾（K_2O）4.5kg，氮、磷、钾吸收比例大致为1：0.48：1.8。而据卢育华研究，莴笋每形成1000kg产品，大约从土壤中吸收纯氮（N）2.08kg、有效磷（P_2O_5）0.71kg、速效钾（K_2O）3.18kg，氮、磷、钾吸收比例大致为1：0.34：1.53。飞兴文等人研究，每形成1000kg生物产量，大约从土壤中吸收纯氮（N）1.88kg、有效磷（P_2O_5）0.64kg、速效钾（K_2O）3.92kg。

莴苣为直根系，入土较浅，根群主要分布在20～30cm的耕层中，适于有机质丰富、保水保肥力强的微酸性壤土中栽培。

莴苣是需肥较多的蔬菜，在生长初期，生长量和吸肥量均较少，随生长量的增加，对氮磷钾的吸收量也逐渐增大，尤其到结球期吸肥量呈"直线"猛增趋势。其一生中对钾需求量最大，氮居中，磷最少，莲座期和结球期氮对其产量影响最大，结球1个月内，吸收氮素占全生育期吸氮量的84%。幼苗期缺钾对莴苣的生长影响最大。莴苣还需钙、镁、硫、铁等中量和微量元素。

2.莴苣水肥一体化技术施肥方案

（1）栽培季节。莴笋适应性广，根据市场需求，选用不同品种可以做到排开播种，周年均衡生产供应。

（2）日光温室秋冬茬结球生菜滴灌水肥一体化施肥方案。

表4-17　日光温室秋冬茬结球生菜滴灌施肥制度

生育时期	灌溉次数	灌水定额 /[m³/667m²·次)]	每次灌溉加入的纯养分量/（kg/667m²)				备注
			N	P_2O_5	K_2O	N+P_2O_5+K_2O	
定植前	1	20	3.0	3.0	3.0	9.0	沟灌
定植至发棵	1	8	1.0	0.5	0.8	2.3	滴灌
发棵至结球	2	10	1.0	0.3	1.0	2.3	滴灌，施肥1次
结球至收获	3	8	1.2	0	2.0	3.2	滴灌，施肥2次
合计	7	72	9.6	4.1	11.8	25.5	

应用说明：

①本方案适用于莴苣日光温室秋冬茬栽培，要求土层深厚、有机质丰富、保水保肥能力强的黏壤或壤土，土壤pH值为6左右。10月定植到次年1月收获，生育期100d左右。目标产量1500～2000kg/667m²。

②定植前施基肥。每667m²施用腐熟的有机肥2000～3000kg、氮（N）3kg、磷（P₂O₅）3kg、钾（K₂O）3kg、钙（Ca）4～8kg。如果没有溶解性好的磷肥，可以将4.1kg的磷全部作基肥。肥料品种可选用三元复合肥（15-15-15）20kg/667m²和过磷酸钙50kg。沟灌1次，确保土壤底墒充足。

③定植至发棵期只滴灌施肥1次，肥料品种可选用尿素2.2kg/667m²、磷酸二氢钾1kg/667m²、硫酸钾0.9kg/667m²。

④发棵至结球期根据土壤墒情滴灌2次，其中第2次滴灌时进行施肥，肥料品种可选用尿素0.9kg/667m²、磷酸二氢钾0.6kg/667m²、硫酸钾1.7kg/667m²。

⑤结球至收获期，滴灌3次，第1次不施肥，后2次结合生菜长势实施滴灌施肥，肥料品种可选用尿素2.6kg/667m²、硫酸钾2.6kg/667m²。结球后期应减少浇水量，防止裂球。

⑥为了防止叶球干烧心和腐烂，在生菜发棵期和结球期，结合喷药叶面喷施或者滴灌施用浓度为0.3%的氯化钙或其他钙肥3～5次。

⑦参照灌溉施肥制度表提供的养分数量，可以选择其他的肥料品种组合，并换算成具体的肥料数量。不宜使用含氯化肥。

（3）适时采收。在茎充分肥大之前可随时采收嫩株上市，当莴笋顶端与最高叶片的尖端相平时为收获莴笋茎的适期。秋莴笋为了延长上市期，延迟采收，可采用在晴天用手掐去生长点和花蕾，或莲座期开始，每隔5～7d喷350～500mg/kg矮壮素2～3次，或在基部肥大时每隔5d喷2500mg/kg青鲜素2次。

三、花椰菜水肥一体化技术应用

花椰菜为十字花科芸薹属一年生植物，又名花菜、花椰菜、甘蓝花、洋花菜、球花甘蓝。有白、绿2种，绿色的叫西蓝花、青花菜。白花菜和绿花菜的营养、作用基本相同，绿花菜比白花菜的胡萝卜素含量要高些。

（一）灌溉类型

花椰菜整个生长发育过程需水需肥比较频繁，灌溉的时间和所需肥水也不相同，所以采用高效肥水一体化灌溉势在必行，花椰菜适宜的灌溉模式以微喷灌、滴灌等最常用，大棚种植采用膜下滴灌最适宜。

微型喷灌具有小范围、小喷量、小冲击力的灌溉特性，适合花椰菜水肥一体化使用。微喷器的喷水直径一般为6m，为保持其灌溉的均匀性，应采用喷水区域圆周重叠法，可将微喷器安装间距设定为2.5m，使相邻的2个喷水器的喷水区域部分相重叠。6m宽棚装1排，微喷器间距2.5m；8m宽棚装2排，微喷器间距4m，梅花形排列。一般每667m²安装喷头35～40支，每小时可喷水2.5～3t。

膜下滴灌通常2行花椰菜安装1条喷水带，孔口朝上，覆膜。砂土质地疏松，对水流量要求不高，但黏土的水流量要小，以防地表径流。喷水带的管径和喷水带的铺设长度有关，以整条管带的出水均匀度达到90%为宜，如采用间距40～50cm，流量1.5～3.0 L/h，沙土选大流量滴头，黏士选小流量滴头。

（二）水分管理

1.花椰菜需水规律

花椰菜在苗期需水量不多，定植后需水量逐渐增加，到花球期需水量达到最高值。花椰菜生育期70～85d，每667m²需水320～325m³，平均每天需水3.8～4.6m³。

2.花椰菜水分管理

花椰菜喜湿润环境，不耐干旱，耐涝能力较弱，对水分供应要求比较严格。整个生育期都需要充足的水分供应，特别是蹲苗以后到花球形成期需要大量水分。如水分供应不足，或气候过于干旱，常常抑制营养生长，促使加快生殖生长，提早形成花球，花球小且质量差；但水分过多，土壤通透性降低，含氧量下降，也会影响根系的生长，严重时可造成植株凋萎。适宜的土壤湿度为最大持水量的70%～80%，空气相对湿度为80%～90%。

（1）经验法：在生产实践中可凭经验判断土壤含水量，如壤土和砂壤土，用手紧握形成土团，再挤压时土团不易碎裂，说明土壤湿度大约在最大持水量的50%以上，一般不进行灌溉；如手捏松开后不能形成土团，轻轻挤压容易发生裂缝，证明水分含量少，及时灌溉。夏秋干旱时期还可根据天气情况决定灌水时期，一般连续高温干旱15d以上即需开始灌溉，秋冬干旱可延续20d以上再开始灌溉。

（2）张力计法：花椰菜为浅根性作物，绝大部分根系分布在30cm土层中。当用张力计检测水分时，一般可在菜园土层中埋1支张力计，埋深20cm。土壤湿度保持在田间持水量的60%～80%，即土壤张力在10～20cN时有利于花椰菜生长，超过20cN表明土壤变干，要开始灌溉，张力计读数回零时为止。当用滴管时，张力计埋在滴头的正下方。

（三）养分管理

1.花椰菜需肥规律

花椰菜生长期长，对养分需求量大。据研究，每生产1000kg花球，需吸收纯氮（N）7.7～10.8kg、有效磷（P_2O_5）0.9～1.4kg、速效钾（K_2O）7.6～10.0kg（表4-18）。其中需要量最多的是氮和钾，特别是叶簇生长旺盛时期需氮肥更多，花球形成期需磷比较多。现蕾前要保证磷、钾营养的充分供应。另外，花椰菜生长还需要一定量的硼、镁、钙、钼等微量元素。

表4-18　不同产量水平下花椰菜氮、磷、钾的吸收量

产量水平/（kg/667m²）	养分吸收量/（kg/667m²）		
	N	P₂O5	K₂O
1300	12.5	1.6	11.7
1300～2300	17.1	2.2	16.1
2300	21.8	2.8	20.5
10000	22.4	3.3	13.8

花椰菜属高氮蔬菜类型。全生育期以氮肥为主。其需肥特性与结球甘蓝大致相似。花椰菜在不同的生育期，对养分的需求不同。未出现花蕾前，吸收养分少。定植后20d左右，随着花蕾的出现和膨大，植株对养分的吸收速度迅速增加，一直到花球膨大盛期。营养生长期对氮的需要量最大，且硝态氮肥效最好，其次为钾肥。但在花球形成期则需较多的磷肥，同时对硼、镁、钙、钼需求量比较大。这4种元素缺乏时，将对花椰菜的生长造成很大影响。

2.花椰菜水肥一体化技术施肥方案

（1）品种选择：花椰菜品种选用早熟、高产、抗旱、抗寒、抗病、不易抽薹的品种，如天极早生、天龙峰、天一代金光等。

（2）整地施肥：土壤最好选用没有种过十字花科蔬菜的大田土，肥料用充分腐熟的有机肥，深翻土地20cm，清耕整地，每667m²施优质腐熟的有机肥5000～6000kg、尿素10～15kg、磷酸二铵15～20kg、硫酸钾复合肥25kg作基肥，覆盖地膜前，用多菌灵或百菌清在翻地或起垄前或起垄后喷洒。垄宽70cm，垄高15cm，并将毛管和地膜1次铺于2垄之间。正常滴灌后，将滴灌带绷紧拉直，末端用木棒固定，然后覆盖地膜。

（3）定植：早熟种6月中旬播种，苗龄25d；中熟种6月下旬至7月上中旬播种，苗龄30～35d；晚熟种7月份播种，苗龄35～60d（不同品种间有差异）。春花菜为10～12月播种，苗龄因品种而异，最长的90d。

播种后如土壤底水足，出苗前可不再浇水，否则在覆盖物如草帘、遮阳网上喷水补足。出苗后视土壤墒情浇水。宜在早晨和傍晚进行，且1次浇足，覆细土保墒。移苗活棵后，轻施1次氮肥，4～5片真叶时可酌情再轻施1次氮肥。追肥可与浇水相结合。

播后15～20d，有3～4片真叶时，按苗大小移苗。早熟种移至营养钵中，中晚熟种夏秋季必须移至遮阳棚中，间距7～10cm。移苗至定植时间为：早熟种10d，5～6片真叶时定植；中晚熟种20～25d，7～8片真叶时定植。

（4）适时浇水：定植后及时灌足定植水，随后结合中耕培土1～2次。以后根据天气情况适当灌水，以保持土壤湿润。每次灌水时间3～4h，土壤湿润层15cm，花椰菜

适宜的土壤湿度为80%～90%，幼苗期缓苗后，为了蹲苗，促进根系发达，团棵前小水勤浇。莲座期内浇水"见干见湿"，保证充分供水又不使植株徒长；包心前7～10d浇1次大水，然后停止浇水，进行蹲苗，生长得到控制而促进叶球形成，增强植株抗性。莲座期、结球期在结束蹲苗后控制土壤含水量在80%～90%，一般每隔4～6d喷1次水，前期灌水要比后期灌水水量要小，才能保证高产。

（5）合理施肥：花椰菜莲座前期应通过控制灌水而蹲苗，促进根系发育、增强抗逆性，结合灌水每667m²施氮肥10～15kg，同时用0.2%的硼砂溶液叶面喷施1～2次。莲座中后期要加强肥水管理，以形成强大的同化和吸收器官，为高产打下良好的基础，此期一定要防止干旱，保持土壤湿度在70%～80%。结球期要保持土壤湿润，并结合灌水追施氮肥5kg、磷酸二铵10kg、钾肥10～15kg，还可叶面喷施0.2%的磷酸二氢钾溶液1～2次。当花球直径约3cm大小时进行束叶保护花球。追肥浇水要及时，但到蔬菜生长的中后期，应及时撤膜以增加土壤的透气性，促进根系生长。采收前2～3d停止灌水（喷药在采收前7d停止），适度控制产品含水量，增加产品的耐贮性。也可结合表4-19所列的施肥方案进行。

表4-19　花椰菜水肥一体化施肥方案

施肥时间	肥料种类	施肥量	施肥方法
基肥	三元复合肥（16-8-18）	40～80kg	整地时施入
	腐熟的有机肥	2000～3000kg	
移栽	有机水溶肥	100～200mL	稀释100倍液浸根移栽
苗期	水溶肥（32-6-12+TE）	4～6kg	滴灌，10～15d1次
结球前期	复合性活性钙	30～60g	稀释1000～1200倍喷施2次，间隔15d
	硼砂	30～60g	
	水溶肥（20-20-20+TE）	6～8kg	滴灌，10～15d1次
结球期	水溶肥（20-20-20+TE）	6～8kg	滴灌1次
	水溶肥（15-6-35+TE）	8～10kg	滴灌2次，10～15d1次
	有机水溶肥料	150～250mL	稀释300～500倍喷施2次，间隔15d

（6）采收转运：收获时间应选择在天气晴朗、土壤干燥的早晨采收。收获时一般保留2～3轮外叶，以对内部花球起一定保护作用。在装箱时，将茎部朝下码在筐中，最上层产品低于筐沿。为减少蒸腾凝聚的水滴浇在花球上引起霉烂，也可将花球朝下放。严禁使用竹筐或柳条筐装运，有条件的可直接用聚苯乙烯泡沫筐装载，装箱后应立即加盖。

第五章　病虫害绿色防控技术

第一节　绿色防控的基本概念

2006年，在全国植保工作会上，农业部提出我国植保工作"公共植保、绿色植保"理念。这是继1975年我国提出植保方针"预防为主、综合防治"之后，对植保工作的又一次重大创新。为落实"绿色植保"理念，强化农产品质量安全，转变植保防灾方式，在多年实践的基础上，提出了绿色防控，以保障农业生产安全、农产品质量安全和生态环境安全。

一、绿色防控的概念

病虫害绿色防控，是指采取生态调控、生物防治、物理防治和科学用药等环境友好型技术措施控制农作物病虫危害的行为。

绿色防控是贯彻"公共植保、绿色植保"理念的产物，公共植保就是把植保工作作为农业和农村公共事业的重要组成部分，突出其社会管理和公共服务职能。植物检疫和农药管理等植保工作本身就是执法工作，属于公共管理；许多病虫具有迁飞性、流行和暴发性，其监测和防控要政府组织跨区域的统一监测和防治；如果病虫害和检疫性有害生物检测防控不到位，将危及国家粮食安全；病虫害防治应纳入公共卫生的范围，作为农业和农村公共服务事业来支持和发展。

绿色植保就是把植保工作作为人与自然和谐系统的重要组成部分，突出其对高产、优质、高效、生态、安全农业的保障和支撑作用。植保工作就是植物卫生事业，要采取生态治理、农业防治、生物控制，物理诱杀等综合防治措施，要确保农业可持续发展；选用低毒高效农药，应用先进施药机械和科学施药技术，减轻残留、污染，避免人畜中毒和作物药害，要生产"绿色产品"；植保还防范外来有害生物入侵和传播，要确保环境安全和生态安全。

绿色防控的提出，继承了植保方针关于综合防治的生态系统观、经济效用观和社会效应观，强调可持续治理，主推抗病虫品种、作物合理布局、健康栽培等农业技术和农田生态工程、生物多样性、果园生草、自然天敌保护利用等生态调控技术；重点应用以虫治虫、以螨治螨、以菌治虫、以菌治菌等生物防治技术，昆虫信息素、杀虫灯、诱虫板、食饵诱杀、防虫网阻隔以及银灰膜驱避等理化诱控技术，免疫诱抗、生长调节、农用抗生素等生物化学防治技术；集成配套高效、低毒、低风险、环境友好化学农药与高效施药器械，最大限度降低农药使用的负面影响。

二、设施蔬菜绿色防控的意义

（一）可持续控制病虫害，保障生产安全

目前我国防治设施蔬菜病虫害主要依赖化学防治措施，在控制病虫危害损失的同时，也带来了病虫抗药性上升和病虫暴发概率增加等问题。通过推广应用生态调控、生物防治、物理防治、科学用药等绿色防控技术，不仅有助于保护生物多样性，降低病虫害暴发概率，实现病虫害的可持续控制，而且有利于减轻病虫危害损失，保障设施蔬菜产业高产、优质、高效。

（二）提升产品质量，保障产品质量安全

传统的病虫害防治措施既不符合现代农业的发展要求，也不能满足农业标准化生产的需要。大规模推广病虫害绿色防控技术，可以有效解决设施蔬菜标准化生产过程中的病虫害防治难题，显著降低化学农药的使用量，避免农产品中的农药残留超标，提升产品质量安全水平，增加市场竞争力，促进农民增产增收。

（三）降低农药使用风险，保护生态环境

病虫害绿色防控技术属于资源节约型和环境友好型技术，推广应用生物防治、物理防治等绿色防控技术，不仅能有效替代高毒、高残留农药的使用，还能降低生产过程中的病虫害防控作业风险，避免人畜中毒事故。同时，还能显著减少农药及其废弃物造成的面源污染，有助于保护农业生态环境。

（四）创响产品品牌，提升农业国际竞争力

我国多数农产品价格普遍高于国际市场价格，而劳动力和投入品价格仍在上涨，成本仍在增加，农产品竞争力不强，对我国农产品出口构成新的挑战。推进病虫绿色防控，可减少农药用量、降低农药残留，提高产品品质、创响知名品牌，增强优势农产品国际竞争力。

第二节 蔬菜主要病虫害发生规律

一、蔬菜病害发生规律

（一）蔬菜病害的危害现状

病害是蔬菜生产中的重要生物灾害，随着蔬菜的大面积发展，尤其是设施蔬菜的发展，为病害的滋生繁衍提供了理想的生态环境和丰富的寄主种类，导致病害发生种类多、危害日趋加重，甚至突发成灾。

蔬菜根结线虫病猖獗发生，导致一些菜农弃棚不种或改种其他粮食作物，中国每年仅危害蔬菜造成经济损失就达200亿元；黄瓜霜霉病从点片发生蔓延到全棚仅需要5～7d，一般棚室产量损失10%～20%，发病严重的损失50%以上，甚至导致绝收。

番茄黄化曲叶病毒病在2000年左右传入我国境内，2005年开始在我国南方大面积蔓延，流行速度十分迅速，2006～2007年，江苏省受害异常严重，温室内番茄发病率达100%，所有番茄几乎绝收。时至今日，番茄黄化曲叶病毒病已在中国的山东、云南、广东、广西、上海、浙江、江苏、河南、甘肃、宁夏、山西、陕西、北京、天津、四川、河北、重庆、福建、安徽、辽宁、内蒙古等地发生。2009年该病在山东省发生面积近1.5万公顷，发病田病株率一般在20%～30%，严重时达60%～80%，其中近0.7万公顷严重减产或绝收。全国2009年发生面积20万公顷，经济损失数十亿元。2010年在陕西突然暴发，渭南、杨凌、西安、咸阳等地严重发生，发病田病株率一般在30%～40%，重的达60%～80%，相当一部分棚室毁种，给菜农造成十分严重的经济损失。番茄早疫病从零星发病蔓延到全棚约需10d，每年有3%的棚室绝收；番茄叶霉病从始发病到病株率达100%，约需15d，叶片大量枯死，被迫提早拉秧；韭菜灰霉病从点片发生蔓延到全棚时间不超过36h。

十字花科蔬菜根肿病是危害十字花科蔬菜严重的世界性病害之一，最初记载是在13世纪的欧洲，19世纪十字花科根肿病在苏联北部及中部地区大面积流行并造成毁灭性灾害。近年来此病在世界范围内日趋严重，尤其在欧洲、北美、日本等地区，根肿病已成为一种主要病害，给蔬菜生产造成严重威胁。在我国，根肿病主要发生在华东和华南的一些十字花科作物的主要产区。浙江、上海、江苏、江西、安徽、湖南、福建、广东、广西、云南、辽宁、吉林、黑龙江、北京、西藏、山东、四川等省、市（区）都有发生。近年来在我省十字花科蔬菜主产区太白县发生普遍且发病呈逐年上升态势，给菜农造成了严重的经济损失，极大制约了蔬菜产业的发展，现已成为当地蔬菜发展中亟需解决的突出问题。

葫芦科霜霉病、灰霉病及番茄的晚疫病、十字花科的菜青虫等常发性病虫仅在陕西常年发生面积就达800万亩次以上，造成蔬菜产量损失达20%以上。

随着蔬菜面积迅速扩张，种植年限的延长，病虫害的问题会越来越突出。由于各种病虫的危害，蔬菜常年减产减收损失率达20%～30%。控制病虫害的发生及危害已成为广大菜农迫切需要解决的问题，也是无公害蔬菜发展中最难解决的技术问题之一。可见做好病虫害的防治研究工作，是确保蔬菜优质高产及可持续发展的关键。

（二）蔬菜病害的分类

蔬菜上发生的病害多达1500多种，按照不同方法分类，有很多的类型。

（1）按照致病因素分类：按照致病因素的性质，分为传染性病害和非传染性生理病害两大类，其中传染性病害又分为真菌性病害、细菌性病害、病毒性病害、类病毒病害、线虫性病害及寄生性种子植物病害等。

（2）按照受害部位分类：分为根部病害、茎部病害、叶部病害、花部病害、果实病害、维管束病害等。

（3）按症状分类：可分为叶斑病、腐烂病、萎蔫病等。

（4）按照传播方式分类：分为气传病害、土传病害、种传病害、虫传病害等。

（5）按照病原物生活史分类：分为单循环病害、多循环病害。

（6）按照被害植物的类别分类：分为大田作物病害、经济作物病害、蔬菜病害、果树病害、观赏植物病害、药用植物病害等。

（7）按照病害流行特点分类：分为单年流行病害、积年流行病害。

（三）不同类型病害田间分布特点

田间分布特点因病因不同而不同，正确了解病害田间分布特点有助于病害的准确识别和防治。

1.传染性病害分布特点

传染性病害是由微生物侵染而引起的病害。蔬菜传染性病害的发生发展包括3个基本的环节：一是病原物与寄主接触后，完成初侵染。二是初侵染成功后，病原物数量得到扩大，并通过气流、水、昆虫及人为等途径传播，进行不断的再侵染，使病害不断扩展。三是由于寄主组织死亡或进入休眠，病原物随之进入越冬阶段，病害处于休眠状态。到翌年开春时，病原物从其越冬场所经新一轮传播再对蔬菜进行新的侵染。

传染性病害在田间的发生及分布具有如下特点。

（1）循序性。病害在发生发展上有轻、中、重的变化过程，病斑在初、中、后期其形状、大小、色泽会发生变化，因此，在田间可同时见到各个时期的病斑。

（2）局限性。田块里一般有一个发病中心，即一块田中先有零星病株或病叶，然后向四周扩展蔓延，病健株会交错出现，离发病中心较远的植株病情有减轻现象，相邻病株间的病情也会存在着差异。

（3）点发性。除病毒、线虫及少数真菌、细菌病害外，同一植株上，病斑在各部位的分布没有规律性，其病斑的发生是随机的。

（4）有病征。除病毒和类菌原体病害外，其他传染性病害都有病征。如细菌性病害在病部有菌脓物遗留，真菌性病害在病部有锈状物、粉状物、霉状物、棉絮状物等遗留。

2.非传染性生理病害分布特点

非传染性生理病害是由非生物因素即不适宜的环境条件引起的，这类病害没有病原物的侵染，不能在蔬菜个体间互相传染。设施栽培条件下蔬菜生理性病害的发生往往较露地栽培为重，大多表现为复合症状，不易诊断，如番茄2, 4-D产生的药害与辣椒、番茄等茄科蔬菜蕨叶型病毒病均表现为蕨叶；黄瓜缺素症与根结线虫危害均表现为叶片发黄；番茄褪绿病毒病与番茄缺镁症状均表现为叶脉间褪绿，症状极为相似，很难区分。非传染性生理性病害在田间的发生及分布具有以下几个特点。

（1）突发性。非侵染性病害在发生发展上，发病时间多数较为一致，往往有突然发生的现象。病斑的形状、大小、色泽较为固定。

（2）普遍性。发生面积比较大，普遍均匀，通常是成片或整个棚普遍发生，常与温度、湿度、光照、土质、水、肥、废气、废液等特殊条件有关，无发病中心，相邻植株的病情差异不明显，甚至附近某些不同的作物或杂草也会表现类似的受害症状。

（3）散发性。多数是整个植株呈现病状，且在不同植株上的分布比较有规律，若采取相应的措施改变环境条件，植株一般可以恢复健康。

（4）无病症。非侵染性病害在田间发生只有病状，没有病征，这是和侵染性病害田间最根本的区别。

（四）不同类型病害症状特点

1.传染性病害症状特点

同一种病原侵染不同种类的蔬菜，表现症状不同。不同病原侵染同一种蔬菜的不同部位，表现症状不同；即使同一种病原侵染同一种蔬菜，在蔬菜不同发育阶段表现症状也有差异。

（1）斑点。蔬菜受到病原菌的侵染，使蔬菜的细胞和组织受到破坏而死亡，形成圆形、多角形、椭圆形等形状不同的病斑，在不同的器官上表现不同。在叶片上表现为叶斑、环斑，如黄瓜霜霉病表现为多角形，番茄早疫病表现为同心轮纹形，辣椒炭疽病表现为圆形，黄瓜灰霉病表现为菱形或"V"字形，瓜类蔓枯病表现为"V"字形或半圆形，黄瓜细菌性角斑病、辣椒疮痂病表现为坏死斑脱落形成穿孔。在果实枝条上表现为疮痂、蔓枯、溃疡，如辣椒疮痂病、黄瓜蔓枯病等。在茎上发生条斑或近地面处坏死，如番茄条斑型病毒病、辣椒疫病、各类蔬菜猝倒病、立枯病等。在根系上发生的出现根系坏死，如蔬菜根腐病、茄科蔬菜青枯病等。

（2）变色。蔬菜受害后植株全株或局部失去正常的绿色，包括褪绿、黄化等，如辣椒花叶病毒病、番茄褪绿病毒病、辣椒类菌原体病害、瓜类褪绿黄化病毒病等。变色大多是由病毒病侵染引起的。

（3）腐烂。蔬菜受病原物侵染后病组织坏死腐烂，主要表现为干腐、湿腐、软腐等，如茄子绵腐病、辣椒软腐病等。腐烂大多是由真菌和细菌侵染引起的。

（4）萎蔫。因蔬菜植株的输导组织维管束被病原菌侵染破坏，使输导组织作用受阻，植株地上部分得不到充足水分，发生萎蔫现象，如黄瓜枯萎病、番茄青枯病、茄子黄萎病、辣椒疫病、黄瓜蔓枯病等。

（5）畸形。蔬菜受病原物侵染后细胞数量大量增多，生长过度或生长发育受到抑制引起畸形。在枝条上表现为丛生；在叶片上表现为皱缩、卷叶、扭曲等，如茄果类蔬菜病毒病、辣椒类菌原体病害；在根部表现为根瘤、根肿等，如蔬菜根结线虫、十字花科蔬菜根肿病，畸形大多由根结线虫、病毒侵染造成，少数由真菌和细菌侵染造成。

2.传染性病害病征类型

（1）霉状物。真菌病害的常见特征，常见有霜霉、灰霉、青霉、绿霉、煤霉、黑霉等不同颜色的霉状物，如黄瓜霜霉病、黄瓜和番茄灰霉病、番茄叶霉病、豇豆煤霉病、番茄黑霉病、黄瓜黑星病等。

（2）粉状物。真菌病害的常见特征，常见有白粉、黑粉、铁锈色等不同颜色的粉状物，如黄瓜和辣椒白粉病、茭白黑粉病、马铃薯黑粉病、葱类黑粉病、十字花科蔬菜根黑粉病、豆类锈病等。

（3）小黑点。真菌病害的常见特征，常见有分生孢子器、分生孢子盘、分生孢子座、闭囊壳、子囊壳等，如辣椒炭疽病、番茄早疫病、番茄晚疫病等。

（4）菌核。真菌中丝核菌和核盘菌侵染引起的常见特征，病征表现较大、颜色较深，主要是越冬病原菌的形态结构，如葫芦科、茄科、十字花科菌核病。

（5）菌脓。细菌病害的常见特征，常见有菌脓（失水干燥后变成菌痂），如黄瓜细菌性角斑病、辣椒疮痂病、软腐病等。

由于植物病毒和类菌原体是细胞内寄生物，因此只有病状，而不产生病征。如番茄黄化曲叶病毒病、辣椒类菌原体病等。

（五）不同类型病害诊断方法

1.传染性病害田间诊断方法

（1）细菌性病害：病状主要表现为组织坏死（斑点和叶斑）和萎蔫两大类型。多数是点发性病害。以条斑（平行脉）、角斑（网状脉）、腐烂、枯萎、溃疡、畸形等类型最为常见。病部多呈水渍状或油渍状边缘、半透明。对光观察有透明感，腐烂组织常黏滑并有恶臭，枯萎组织的切口常分泌出混浊液，这是其他病害所没有的现象，如大白菜软腐病、黄瓜细菌性角斑病、豆类细菌性斑点病、番茄青枯病、辣椒疮痂病等。其病征表现是高湿时分泌出淡黄色溢滴，即菌脓，干后呈鱼子状小胶粒或呈发亮的菌膜平贴于病部表面，无霉层。田间发病初期有发病中心。多有随工作人员行走的方向传播蔓延趋势。苗势嫩绿、枝叶郁闭和水涝地最有利于发病。简而言之，细菌性病害有病斑，无霉层，有发病中心。

（2）真菌性病害：病状多数是点发性病害。以茎、叶、花、果上产生各种各样的局部病斑最为常见，病部多呈斑点、条斑、枯焦、炭疽、疮痂、溃疡等；其次是凋萎、腐化及各种变态、矮化等畸形，如黄瓜霜霉病、灰霉病、炭疽病、蔓枯病，辣椒炭疽病、疫病、猝倒病，甘蓝软腐病，花椰菜灰霉病，番茄早疫病、晚疫病、叶霉病、枯萎病，茄子绵疫病、晚疫病、菌核病及白粉病等。病部中后期大多长有霉状物、霜霉状物、粉状物、锈状物、棉絮状物、颗粒状物等。田间发病初期常有发病中心。多有随大棚通风风向传播蔓延趋势。高温高湿、苗势嫩绿、枝叶郁闭、土质黏重、排水不良等都有利于多数真菌病害的发生。简而言之，真菌性病害有病斑，有霉层，有发病中心。

（3）病毒性病害：病状多数是系统侵染的全株性病害，几乎所有的蔬菜都可感染病毒性病害。初发时常从植株个别叶片或枝条开始，随后发展至全株。以枯斑、花叶、黄化、矮缩、簇生、畸形、萎缩、坏死等为常见。一般嫩叶比老叶更为鲜明，易受外界影响而发生变化。如花椰菜病毒病、番茄病毒病、茄子病毒病、辣椒病毒病、黄瓜病毒病、丝瓜病毒病、菠菜病毒病、芹菜病毒病等。病毒病发病症状中没有脓溢、穿孔、破溃等现象，这是田间鉴别病毒病的主要依据之一。病部外表不显露病征。田间分布分散，病健明显交错，无发病中心，但棚边四周有时发生较重，病情常与某些昆虫发生有关，或随种植年限延长而加重。定植期往往与病害的发生关系甚为密切。传播和侵染除可通过汁液摩擦传染和嫁接传染外，许多病毒还能借助昆虫介体而传染。简而言之，病毒性病害无病斑，无霉层，无发病中心。番茄和辣椒厥叶形病毒病的症状与一些由植物激素引起的番茄和辣椒的药害症状的主要区别是前者叶片色泽不均匀，整体发黄，叶片变薄、柔软，叶脉扭曲，田间病健往往交错分布；后者叶色往往变为深绿，叶片变厚、较硬，叶脉变粗、发白，往往病健株不交错出现，分布均匀，表现为全田发病。

（4）线虫性病害：病状主要表现为叶片由下向上均匀发黄，生长衰弱，叶片稍萎垂，茎、芽、叶坏死，植株矮化、黄化，根部膨胀，呈瘿瘤、虫瘿、根结、胞囊状。病状以局部畸形为主，危害部位大多数在地下根部，如蔬菜根结线虫病等。

（5）寄生性种子植物病害：按寄生物对寄主的依赖程度或获取寄主营养成分的不

同，可分为全寄生和半寄生。全寄生是指从寄主植物上夺取它自身所需的所有生活物质的寄生方式，如列当和菟丝子。半寄生是指对寄主的寄生关系主要是水分的依赖关系，还可进行光合作用，如桑寄生和槲寄生。寄生植物寄生到蔬菜上后，吸取蔬菜养分，导致蔬菜因缺少水分和养分而枝叶发黄，最后枯死。

二、虫害对蔬菜的危害规律

（一）虫害对蔬菜的危害性

虫害是蔬菜可持续发展的重要瓶颈之一，随着蔬菜的大面积发展，尤其是设施蔬菜的发展，为害虫安全越冬提供了理想的生态环境和丰富的寄主种类，导致害虫发生期延长、为害加重，使一些害虫在设施栽培条件下得以周年繁殖，由过去露地种植下的季节性发生变为周年性发生为害，其发生为害期长达8～10个月。

如被世界昆虫学家称为"超级害虫"的烟粉虱［*Bemisia tabaci*（Gennadius）］，在陕西自然条件下无法越冬，随着设施农业的发展，为其正常越冬创造了适宜的温度冬件，近年来在我省乃至我国北方地区暴发成灾，发生高峰期，一般百株虫口密度达50万～80万头，防治难度十分大。

再如斑潜蝇，1694年建立斑潜蝇属以来，世界迄今已知370余种，约有75%的种类是单食性或寡食性的，大约150种可为害或取食栽培作物和观赏植物，现已扩散至北美洲、中美洲和加勒比地区、南美洲、大洋洲、非洲、亚洲的许多国家和地区。

20世纪90年代初传入我国的美洲斑潜蝇（*Liriomyza sativae* Blomhard）、南美斑潜蝇（*L. huidobrensis* Blomhard），现广泛分布于我国所有省份。

随着设施蔬菜栽培面积的增加及生态条件的改变，分布区域不断北移，为害逐年加重，成为蔬菜生产上发生面积大、为害重、防治难度大的害虫之一。害虫除了以刺吸或咀嚼直接为害蔬菜外，还分泌蜜露造成霉污病和传播病毒引起蔬菜病毒病蔓延，造成间接为害，往往间接为害造成的损失大于直接为害造成的损失。加之，设施栽培蔬菜由于蔬菜植株长势较露地蔬菜差，自然补偿能力弱，害虫为害后造成的损失往往大于露地栽培蔬菜。

（二）蔬菜害虫的分类

1.根据昆虫形态特征分类

（1）同翅目害虫：如桃蚜［Myzus persicae（Sulzer）］、烟粉虱［Bemisia tabaci（Gennadius）］、温室白粉虱［Trialeurodes vaporariorum（Westwood）］。

（2）鳞翅目害虫：如菜粉蝶［Pieris rapae（L.）］、棉铃虫［Helicoverpa armigera（Hübner）］、甘蓝夜蛾（Mamestra brassicae Linnaeus）、斜纹夜蛾［Spodoptera litura（Fabricius）］。

（3）鞘翅目害虫：如黄守瓜［Aulacophora indica（Gmelin）］、铜绿金龟子（Anomala corpulentamotschulsky）、茄二十八星瓢虫［Epilachna vigintioctopunctata（Fabricius）］、大猿叶甲（Colaphellus bowringi Baly）。

（4）缨翅目害虫：如烟蓟马（Trips tabaci）、花蓟马［Frankliniella intonsa（Trybom）］、棕榈蓟马（Thrips palmi Karny）。

（5）双翅目害虫：如美洲斑潜蝇（Liriomyza sativae Blomhard）、南美斑潜蝇（L. huidobrensis Blomhard）、番茄斑潜蝇［Liriomyza bryoniae（Kaltenbach）］，葱潜叶蝇［Liriomyza chinensis（Kato）］。

（6）蜱螨目害虫：如叶螨、二斑叶螨（Tetranychus urticae Koch）、截形叶螨（Tetranychus truncatus）、茶黄螨［Pobyphagotarsonemus latus（Banks）］。

（7）真螨目害虫：如叶螨、朱砂叶螨（Tetranychus cinnabarinus）。

2.根据昆虫口器分类

（1）咀嚼式害虫：如斜纹夜蛾、叶甲等，主要取食蔬菜作物叶片、茎秆，造成寄主植物残缺不全。

（2）刺吸式昆虫：如蚜虫、粉虱、叶蝉等，为害植物叶片，出现斑点或变色、皱缩或卷曲。

（3）锉吸式昆虫：如蓟马类昆虫，主要吸食植物汁液。

3.根据昆虫的栖息场所分类

（1）地下害虫，如蛴螬、金针虫等。

（2）地上害虫，如棉铃虫、斜纹夜蛾、烟粉虱等。

分为常发性害虫、突发性害虫。

4.根据昆虫能否在当地越冬分类

5.根据昆虫食性分类

（1）植食性害虫，蔬菜大多害虫为植食性害虫。

（2）腐食性害虫，如屎壳郎。

6.根据取食方式分类

（1）潜叶性害虫，如南美斑潜蝇、美洲斑潜蝇。

（2）钻蛀性害虫，如棉铃虫、玉米螟。

（3）潜根性害虫，如根蛆。

（三）危害特点

1.咀嚼式害虫

（1）造成缺刻。

一般具有咀嚼式口器害虫为害造成的显著特点是造成缺刻，主要以幼虫取食叶片，常咬成缺口或仅留叶脉，甚至全食光。不同种类蔬菜害虫为害特点有差异，如菜青虫1～2龄幼虫在叶背啃食叶肉，叶片出现小型凹斑，3龄以上幼虫可将叶片吃成孔洞或缺刻，严重时可将叶片吃光，只残留叶脉和叶柄，使幼苗死亡。幼虫排出大量粪便，污染叶片和叶球，遇雨可引起腐烂，使蔬菜品质变劣；在大白菜上造成的伤口为软腐病菌提供了入侵途径，诱发软腐病造成更大损失。黄守瓜取食叶片时以身体为中心、身体为半径旋转咬食一圈，在叶片上形成一个环形或半环形食痕或圆形孔洞。

（2）形成虫道。

斑潜蝇类害虫为害的典型特征，如美洲斑潜蝇和南美斑潜蝇的幼虫潜入叶片和叶柄取食为害，前者在叶片正面形成先细后宽的蛇形弯曲或蛇形盘绕虫道，其内有交替排列整齐的黑色虫粪，老虫道后期呈棕色的干斑块区；后者幼虫取食叶片背面叶肉，形成1.5～2mm宽的弯曲虫道，虫道沿叶脉伸展，但不受叶脉限制，若干虫道可连成一片形成取食斑，后期变枯黄。番茄斑潜蝇幼虫孵化后潜食叶肉，呈曲折蜿蜒的食痕，严重的潜痕密布，致叶片发黄、枯焦或脱落。虫道的终端不明显变宽。豌豆潜叶蝇在栅栏组织和海绵组织交替钻蛀，隧道在叶正反两面，无论是叶正面还是叶背面观察隧道都时隐时现，幼虫老熟后在隧道内化蛹，不钻出叶片。

2.刺吸式害虫

（1）形成斑点。

叶螨在叶片的背面取食，刺穿细胞，吸取汁液，受害叶片先从近叶柄的主脉两侧出现苍白色斑点，随着为害加重，可使叶片变成灰白色及至暗褐色，严重者叶片焦枯以至于提早脱落。

（2）造成植株生长异常。

蚜虫为害植物造成植物茎、叶、花蕾、花的生长停滞或延迟，以致叶黄，花蕾不能开放或脱落，使植株衰弱，特别是再遇到不良环境，常造成整株整片枯死。叶螨为害除形成斑点外，有些种类的叶螨还释放毒素或生长调节物质，引起植物生长失衡，以致幼嫩叶呈现凹凸不平的受害状，大发生时蔬菜叶片出现焦枯现象。刺吸式害虫为害还造成植株叶片卷曲、皱缩、枯萎或变为畸形。

（3）形成煤污病

蚜虫、烟粉虱、白粉虱等害虫分泌的排泄物蜜露，透明黏稠，影响蔬菜植株叶片的光合作用，阻滞蔬菜正常生理活动，同时又是病菌的良好培养基，导致叶片表面形成一层霉层，即蔬菜霉污病。

3.锉吸式害虫

锉吸式口器的昆虫大多以成虫、若虫取食寄主植物的心叶、嫩芽、花器和幼果汁液，受害处形成白色有光泽的斑痕，嫩叶嫩梢受害，组织变硬缩小，茸毛变灰褐或黑褐色，严重时叶片扭曲，变厚变脆，叶尖枯黄变白。植株生长缓慢，节间缩短，幼瓜（果）受害，果实硬化，瓜（果）毛变黑，造成落瓜（果）。

第三节　设施蔬菜病虫害综合防治技术

一、检疫措施为主的绿色防控

植物检疫是通过法律、行政和技术的手段，防止危险性植物病、虫、杂草和其他有害生物的人为传播，保障生产的安全，促进贸易发展的措施，是一项特殊形式的保护措施，包括预防或杜绝、铲除、免疫、保护和治疗5个方面。植物检疫是全世界通用的主动预防外来有害生物进入本区域的一项植保技术，一般由专业的植物检疫人员，在海关、港口等进行检疫检验，一经发现立即拦截并进行处理。检疫检验按检验场所和方法可分为入境口岸检验、原产地田间检验、入境后的隔离种植检验等；按检疫检验的目的可分为国外引种检疫，国内产地检疫、调运检疫。

（一）国外引种检疫

在农业生产中，从国外引入农作物的种子、苗木等最常见，植物检疫对于国外引种所采取的相关检疫检验就是国外引种检疫。引种一般要经过专门的机构进行审批，审批通过的方可进行引种。如果在海关等检疫检验中发现所引进的种子或苗木等繁殖材料有禁止带入的有害生物，则这批引种材料必须按检疫要求进行处理。国外引种检疫是绿色防控的第一道关口，也是最经济、绿色、有效的措施。

（二）产地检疫和调运检疫

1.植物产地检疫

是指植物检疫机构对植物种子、苗术等繁殖材料和植物产品在生产地（原种场、良种场、苗圃以及其他繁育基地）进行检疫。

2.调运检疫

是指植物及其产品在调出原产地之前、运输途中、到达新的种植或使用地点之后，根据国家或地方政府颁布的植物检疫法规，由专门的植物检疫机构，对应检疫的植物及其产品所采取的检疫措施。调运检疫是国内检疫工作的核心，也是防止危害性病虫草等随植物及其产品在国内人为传播的关键。

产地检疫和调运检疫都是有效的预防有害生物措施，是防患于未然的主动防控，是绿色防控的重要措施。

二、农业措施

从培育健康的农作物和良好的农作物生态环境入手，使植物生长健壮，并创造有利于天敌生存繁衍、而不利于病虫发生的措施都是绿色防控的主要内容。

（一）土壤健康技术

土壤健康技术主要包括良好的土壤结构和充足的土壤肥力的培育技术。

1.土壤管理措施

合理的土壤耕作和科学水肥管理是最主要的土壤管理措施，通过耕作可以改良土壤结构、培育健康的土壤生态环境；科学施肥，增施有机肥，灌既用水符合农田灌溉水水质标准等，为蔬菜创造良好的生长环境，从而增强蔬菜抵御病虫害的能力和抑制有害生物的发生。

2.土壤培育技术

包括土壤物理结构、肥力供应能力和健康的土壤微生物培育等技术，连作、过度施用化学肥料等不利于土壤微生物的生态平衡，必要时要通过人为施用生物菌肥、有机肥等，调节土壤微生物的生态平衡。

（二）品种抗性利用技术

蔬菜在长期的栽培过程中形成了其特有的抵抗不良环境和病虫危害的特性，即品种抗性。利用这一特性，通过合理选用品种，达到防治病虫害目的的技术就是品种抗性利用技术。

品种可以是种子，也可以是苗木。大田蔬菜多选择种植抗病虫品种的种子来防治病虫害，而设施蔬菜常通过嫁接育苗方式来防治病虫害。

（三）健康栽培技术

在健康土壤的基础上，通过培育壮苗、整形修剪、田间管理、生态环境调控等栽培管理措施，提升蔬菜对病虫的抵抗能力，为健壮生长打下良好的基础。

培育壮苗包括培育健壮苗木和大田调控苗期生长等，田间管理包括适期播种、中耕除草、合理灌溉、合理施肥、适宜密植等措施；生态环境调控措施包括立体种植、设施栽培、间作套种、种植诱集植物等，增加小生态环境中的生物多样性。

（四）种苗处理技术

主要指播种前利用物理、生物或化学的方法对播种材料进行消毒处理或补充某些营养物质，以减少种子或苗木带菌，增强抗逆性的技术。

1.物理法

主要是利用热力、冷冻、干燥、电磁波、超声波、微波、射线等手段抑制、钝化或杀死病原物，常用的有温汤浸种和干热灭菌。

（1）温汤浸种：利用种子与病原物耐热性的差异，选择适宜的水温和处理时间来杀死种子表面和种子内部潜伏的病原物，而不会对种子造成损伤。

（2）干热灭菌：是将干种子放在专用仪器设备中进行70～75℃（一般采用阶梯式逐步提高温度）高温处理。

（3）微波法：是用微波炉，在70℃下处理玉米种子10min就能杀死携带的玉米枯萎病病原细菌，还可用于植物检疫，对旅客携带或邮递的少量种子进行消毒处理。微波适合于对少量的种子进行快速的杀菌处理。

2.生物法

是利用有益微生物、促进植物生长的根际细菌、生物农药浸种、拌种或做成微生物包衣剂，如常用枯草芽孢杆菌、寡雄腐霉、哈茨木霉等拌种。

3.化学法

主要是应用杀菌剂、杀虫剂、植物生长调节剂等进行浸种、拌种、闷种、种子包衣等，用于防治种传和土传病虫害，兼治地上部病虫害，如用三唑类杀菌剂拌种防治条锈病，咯菌腈浸种防治蔬菜根腐病，辛硫磷、吡虫啉拌种防治地下害虫，精甲霜灵。咯菌腈悬浮种衣剂包衣可控制腐霉菌、疫霉菌、丝核菌、镰刀菌、根串珠霉菌、菌核菌等作物苗期病害，果树苗木移栽前选用内吸治疗性杀菌剂浸蘸根系防除根腐病等，或进行苗木熏蒸处理。

三、理化诱控技术

利用昆虫的趋光、趋化特性进行成虫诱杀的技术，常用的有灯光诱杀、色板诱杀、性信息素诱捕、食物诱杀等。

（一）灯光诱控技术

利用昆虫成虫对不同波长、波段光具有较强趋性的原理进行诱杀，有效控制害虫种群数量的技术，是重要的物理诱控技术。常用的杀虫灯因光源的不同可分为传统光源灯和新型发光二极管（LED）类杀虫灯，LED新光源杀虫灯主要包括LED、太阳能电池板、蓄电池、自动控制系统、高压电网等部件；因电源的不同可分为交流电供电式和太阳能供电式杀虫灯等，太阳能供电式杀虫灯一般包括专用光源、太阳能电池板、蓄电池、自动控制系统、高压电网等部件。目前主要使用的杀虫灯是太阳能杀虫灯，有太阳能辐射式杀虫灯、太阳能多用体杀虫灯、太阳能立杆式杀虫灯等多种类型。

针对目标昆虫的诱导波长，研制杀虫灯专用光源，引诱害虫扑向灯光；光源外配置高压击杀网，杀灭害虫。据调查，杀虫灯能诱杀以鳞翅目和鞘翅目害虫为主的多种类型的害虫成虫，包括夜蛾、食心虫、地老虎、金龟子、蝼蛄等几十种。

（二）色板诱控技术

利用昆虫对不同颜色的趋性，制作各类有色粘板诱杀害虫的技术，以达到控害减损的目的，诱虫色板主要用于对微小个体昆虫的诱杀，目前蔬菜大棚应用广泛。

1.色板制作

为增强对靶标害虫的诱捕力，可将害虫性诱剂、植物源诱捕剂与色板组合，将诱捕剂载于诱芯，诱芯可嵌在色板或者挂于色板上，诱杀效果明显优于单一色板或单一诱捕剂。色板多为长方形或方形，规格不等，如20cm×40cm、20cm×30cm、20cm×20cm、30cm×30cm等。色板上均匀涂布无色无味的粘虫胶，胶上覆盖防粘纸，使用时，揭去防粘纸。

2.色板放置

在害虫成虫始发期或迁飞前后，每667m²放置15～20张色板，色板高于作物15～20cm。

（1）蚜虫类：诱捕蚜虫类时，可选用油菜花黄色粘板，春、夏期间，在成蚜始盛期，使用色板诱捕迁飞的有翅蚜；秋季9月中下旬至11月中旬，将蚜虫性诱剂与粘板组合诱捕性蚜，压低越冬基数。

（2）粉虱类：诱捕粉虱类，可选用素馨黄色粘板，春季越冬代羽化始盛期至盛期诱捕迁飞的粉虱成虫。

（3）蓟马类：诱捕使用蓝色或黄色粘板。

（4）蝇类：诱捕使用蓝色或绿色粘板。

（5）尺蠖蛾类和夜蛾类：诱捕使用土黄色、浆黄色粘板，诱捕产卵前期的尺蠖蛾。

不管哪种粘板，都要及时更换粘满虫体的色板，保证持续的粘虫效果。

表5-1　黄板对温室黄瓜烟粉虱的防治示范效果

地点	处理方式	始发期 距定植期时间/d	高峰期 距定植期时间/d	虫口密度 /（头/100株3叶）	较对照防效 /%
临渭	黄板	10	115	7815	47.4
	对照	3	102	11964	—
甘泉	黄板	10	110	10972	63.9
	对照	5	96	30417	—

（三）信息素诱控技术

昆电信息素是昆虫种群或个体间用于交流的化学物质，由昆虫产生，属易挥发性物质。按用途的不同昆虫信息素可分为多种，有性信息素、追踪信息素、产卵信息素、示警信息素等。

目前生产上应用较多的是昆虫性信息素。性信息素指昆虫成虫分泌并向体外释放的，引诱同种异性成虫交配的一种化学信息素。生产上多用人工合成的昆虫性信息素类似物——性诱剂，进行害虫种群动态监测和大量诱杀，是害虫绿色防控的重要组成部分之一。生产中应用最多的是利用昆虫雌成虫性诱剂，引诱雄成虫前来交配，并根据昆虫生物学习性，配套适宜的诱捕器物理诱杀雄成虫，从而破坏或干扰害虫交配行为，切断害虫正常生活史，达到抑制害虫后代种群数量增长的控害目的。因其敏感性高、引诱力强、专一性好、对有益昆虫安全、能减少化学杀虫剂的使用而成为近年来采用较多的一种绿色治虫技术。目前，国外已商品化生产的昆虫性诱剂有百余种，国内也有数十种，其中应用较多的有20多种，如金纹细蛾、斜纹夜蛾、小菜蛾、甜菜夜蛾、苹小卷叶蛾、水稻二化螟、棉铃虫、烟青虫、橘小实蝇、瓜实蝇、舞毒蛾、地老虎等的昆虫性诱剂。昆虫性诱剂的用法主要有诱捕法和迷向法。

1.诱捕法

在田间或果园按照"外围密、中间少"原则或根据地形设置一定数量的性诱芯及其配套诱捕器大量诱杀成虫，降低成虫的自然交配率，从而减少后代幼虫的虫口密度。

诱捕法的整套诱捕装置由诱芯和诱捕器组成，诱芯是含有适量性诱剂的载体，常为钟形、反口橡胶塞或毛细管；诱捕器因害虫种类不同而分为干式诱捕器、三角屋式诱捕器和船式粘胶板诱捕器、漏斗式诱捕器、多功能桶形诱捕器、水盆诱捕器等。性诱芯数量、诱捕器所放的位置和高度、气流情况等会影响诱捕效果，因此应根据作物、害虫生物学习性等进行试验后再示范推厂。性诱芯一般4~6周更换1次，诱捕器可重复使用，但视粘虫情况及时更换粘板。利用聚集信息素诱捕鞘翅目的小蠹和天牛或利用食物气味诱捕实蝇类也属于这一类诱捕法。

2.迷向法

在田间或果园设置一定数量的性迷向丝（含有性诱剂的高分子缓释载体毛细管），在一定范围内大量、持续地释放性信息素化合物，使田间弥漫高浓度的化学信息素，或大量释放性信息素的同系物、抑制剂，迷惑雄虫无法定向找到雌虫，干扰和阻碍雌雄正常交尾，达到控制其交配繁殖的目的。

国内外目前已将迷向法直接用于防治棉红铃虫、梨小食心虫、舞毒蛾、桃透翅蛾、西方松斑螟等。国内梨小食心虫的迷向防治法已得到较大面积的推广应用。性迷向防治的田间应用操作简单，一般每667m^{2}用迷向丝30根左右，持效期长达3个月以上，一般在作物整个生育期使用1次；综合防效95%以上，可减少1/3~2/3的化学农药用量。

3.联合治虫

将昆虫性诱剂与化学不育剂、病毒、细菌和杀虫剂等联合使用，即先以性诱剂引诱害虫，使其与杀虫剂接触而死亡或使之与不育剂、病毒或细菌等接触后飞离，通过与其他个体接触及雌雄交配将病毒、细菌等传播给异性个体，并经过卵传给后代，使新生后代感染病毒或细菌，从而达到控制害虫种群的目的。

（四）食物诱控技术

食物诱控技术是根据昆虫在寻找寄主、觅食、产卵等过程中对植物释放的一类挥发性化学物质的趋性，研究合成植物源引诱剂，以诱捕害虫的技术。植物源引诱剂的核心成分是多种植物挥发物组合成的混合物，包括取食引诱剂和取食刺激剂等，其中取食引诱剂主要来自于寄主挥发性物质，远距离引诱昆虫对寄主的定向搜索；而刺激剂是植物的营养物质，如糖、脂肪、蛋白质，也可以是植物次生性化合物，如黑芥子苷、葫芦素等，一般是近距离、通过位于昆虫足部的感化器与位于口部的味觉器作用于昆虫。

1.取食引诱剂

生产中常用的如糖醋液，就是利用某些鳞翅目、双翅目昆虫对甜酸气味的强烈趋性诱杀成虫；利用某些实蝇对玉米、大豆、酵母经发酵后产生的挥发性化合物具有明显的趋性，在蛋白水解饵料中混入杀虫剂，用于防治地中海实蝇；北京依科曼生物技术有限公司通过研究寄主植物的挥发性物质，开发了针对斑潜蝇、蓟马、粉虱、茶小绿叶蝉的取食引诱剂。

2.取食刺激剂

主要与引诱剂和杀虫剂联用，引诱害虫大量取食而死亡。如美国利用葫芦素能刺激多种叶甲昆虫取食的特性，将杀虫剂与葫芦素和引诱剂混合制成毒饵，目前已经有效控制了多种食根叶甲昆虫的种群数量。

食诱剂针对成虫起作用，通常在成虫发生初期使用能取得最佳防效。

（五）防虫网阻隔技术

防虫网是采用高分子材料聚乙烯，并添加防老化、抗紫外线等化学助剂，经拉丝织成的网筛状的新型覆盖材料，广泛应用于疏菜制繁原种时隔离花粉，马铃薯、花卉等组培脱毒后隔罩及设施蔬菜生产。

将防虫网覆盖在设施温室棚架上、门口、通风口位置，构建人工隔离屏障，将害虫拒之网外，有效控制菜青虫、菜螟、小菜蛾、斜纹夜蛾、蚜虫、烟粉虱、跳甲、猿叶虫、甜菜夜蛾、美洲斑潜蝇、豆野螟、瓜绢螟等20多种害虫的出入，阻隔病毒病传播，达到防虫兼控病毒病的良好效果。防虫网有黑色、白色或银灰色，兼有透光、适度遮光、抵御暴风雨冲刷和冰雹侵袭等自然灾害的作用。

表5-2 防虫网对温室黄瓜几种害虫的控制效果

地点	处理	始发期			高峰期					
		距黄瓜定植期时间/d			距黄瓜定植期时间/d			虫口密度		
		斑潜蝇	烟粉虱	蚜虫	斑潜蝇	白粉虱	蚜虫	斑潜蝇	白粉虱	蚜虫
大荔	设防虫网	135	140	125	160	165	160	9.8	9685	785
	对照	10	5	25	115	125	130	21.9	18865	3561
	较对照	+125	+135	+100	+45	+40	+30	−55.3%	−48.7%	−78.0%
甘泉	设防虫网	155	145	155	165	170	160	10.2	7685	1085
	对照	10	5	20	130	140	140	29.8	11195	4545
	较对照	+145	+140	+135	+35	+30	+20	−65.8%	−31.3%	−76.1%

注：斑潜蝇虫口密度系指危害指数。

表5-3 防虫网对温室番茄几种病虫的控制效果

地点	处理	斑潜蝇危害指数	烟粉虱（百株3叶）	棉铃虫危害率（%）	甘蓝夜蛾危害株率%	蚜虫虫口（百株）	病毒病病株率（%）	病毒病病情指数
杨凌	设防虫网	3.8	245	0	0	105	2.8	0.1
	对照	13.2	3565	11.9	17.8	1650	29.8	5.2
	较对照	−71.2%	−93.1%	100.0%	100.0%	−93.6%	−90.6%	−98.1%
泾阳	设防虫网	4.5	215	0	0	75	14.2	0.6
	对照	15，6	2890	13.8	12.9	1245	36.2	6.6
	较对照	−71.2%	−92.6%	−100.0%	−100.0%	−94.0%	−60.8%	−90.9%

（六）驱避技术

利用昆虫对色彩、植物气味的忌避习性，提取或合成活性成分，用来影响和干扰昆虫的取食、产卵等行为，达到避害目的。

趋避技术根据驱避方式可以分为利用色彩驱避技术和利用气味驱避技术，利用气味驱避又可分为利用天然植物的次生代谢物驱避和通过人工合成趋避剂趋避等。

1.色彩驱避

利用蚜虫、烟粉虱对银灰色有较强的忌避性，可在田间挂银灰塑料条或用银灰地膜覆盖蔬菜来驱避害虫，预防病毒病。

2.气味驱避

有些植物可利用其本身的次生性代谢产物，如挥发油、生物碱和其他一些化学物质，对害虫产生自然抵御性，表现为杀死、忌避、拒食或抑制害虫正常生长发育。如除虫菊、烟草、薄荷、大蒜驱避蚜虫；香茅油可以趋避柑橘吸果夜蛾；薇苷菊、马樱丹、蟛蜞菊、假臭草4种植物挥发油对柑橘木虱成虫有显著的驱避作用；薄荷气味驱避菜粉蝶在甘蓝上产卵；闹羊花毒素、白鲜碱、柠檬苦素、苦楝和印楝油、莳萝均是害虫的驱避剂和拒食剂；大蒜、薄荷、薰衣草、迷迭香、一抹香、鼠尾草、紫娇花对甘蓝蚜、小菜蛾和菜青虫有明显的驱避作用；山柰、黑胡椒、米糠油对玉米象成虫、赤拟谷盗幼虫和绿豆象成虫有明显驱避作用；八角对玉米象成虫、赤拟谷盗幼虫有明显驱避作用。因此，在大棚门口等种植这些植物可有效地驱避一些害虫。研究表明，在甘蓝大棚入口处套种大蒜、薄荷后，两入口处的甘蓝蚜发生量分别减少58.35%和56.17%，小菜蛾发生量分别减少52.04%和40.52%；套种大蒜和紫娇花后，菜青虫发生量分别减少55.36%和41.52%。大蒜对菜青虫的有效驱避距离为3m，对甘蓝蚜为1m，对小菜蛾为0.5m；薄荷对甘蓝蚜的有效驱避距离为3m，对菜青虫为1m。

四、生物防治技术

（一）生物防治的定义

生物防治是指利用有益生物及其产物防治有害生物，大致可以分为以虫治虫、以鸟治虫和以菌治虫等几类。它利用了生物物种间的相互关系，以一种或一类生物抑制另一种或另一类生物，是降低杂草和害虫等有害生物种群密度的一种方法。其最大优点是不污染环境。对生物防治的范畴有2种不同的理解。

1.广义生物防治

把控制有害生物的"生物"理解成生物体及其产物，生物体包括利用某些能寄生于害虫的昆虫、真菌、细菌、病毒、原生动物、线虫以及捕食性昆虫和螨类、益鸟、鱼类、两栖动物等；而生物产物的含义非常广，例如植物的抗害性和杀生性、昆虫的不育性、激素及外激素、抗生素的利用。

2.狭义生物防治

直接利用生物活体（微生物、动物、植物）控制有害生物，应用最为普遍。目前，用于生物防治的生物活体可分为3类：

（1）微生物。常见的有真菌、细菌、病毒和能分泌抗生物质的抗生菌，如应用白僵菌防治马尾松毛虫、大豆食心虫和玉米螟等，绿僵菌防治地下害虫、蝗虫等，苏云金杆菌变种制剂防治多种林业害虫（细菌），病毒粗提液防治蜀柏毒蛾、松毛虫、泡桐大袋蛾等（病毒），放线菌微孢子虫防治舞毒蛾等的幼虫，线虫防治天牛等。

（2）寄生性天敌。主要有寄生蜂和寄生蝇，如赤眼蜂防治玉米螟，寄生蝇防治松毛虫，肿腿蜂防治天牛，花角蚜小蜂防治松突圆蚧等。

（3）捕食性天敌。这类天敌很多，主要分为食虫、食鼠的脊椎动物和捕食性节肢动物两大类。草蛉、瓢虫、丽蚜小蜂防治蔬菜粉虱、蚜虫等，胡瓜钝绥螨、巴氏钝绥螨等防治害螨类等，金小蜂防治越冬棉红铃虫，大红瓢虫防治柑橘吹绵蚧，山雀、灰喜鹊、啄木鸟等捕食不同虫态的害虫，黄鼬、猫头鹰、蛇等捕食鼠类。

随着生物防治产品的规范化、商业化，其使用方法一般均以标签形式，在产品包装上说明，使用时可参照说明或通过咨询产品提供者得到技术指导。

（二）生物防治的方法

1.免疫诱抗技术

（1）免疫诱抗概念。

当植物受到外界刺激或遭遇逆境条件如冻害、高温、病原微生物的入侵时，植物能够通过调节自身的防卫和代谢系统产生免疫抗性反应，分泌植保素、水杨酸等多种免疫功能物质，以防御不良环境、抵抗病原菌入侵、抑制病原微生物生长，减缓病害的发生发展。

利用植物的这种免疫反应，通过人工合成或提取的免疫诱抗物质，促进植物抵抗病虫危害的技术就是植物免疫诱抗技术。

近年来我国在植物免疫诱抗研究和应用方面都取得了显著的进展，如中国农业大学利用枯草芽孢杆菌诱导了多种农作物对病害的抗性，中国科学院大连化物所利用寡糖诱导多种植物对植物真菌病害的抗性，中国农业科学院植保所利用来源于细极链格孢真菌的激活蛋白诱导多种植物对病毒病及其他植物病害的抗性。这些研究都已形成产品应用于田间，取得了较好的抗病增产效果。

（2）常用免疫诱抗剂。

植物免疫诱抗剂的种类很多，目前，生产中应用范围较广的主要是寡糖植物免疫诱抗剂与蛋白质植物免疫诱抗剂。

寡糖植物免疫诱抗剂中，β-葡聚糖是由植物病原菌培养物滤液或酵母抽取液中得到的纯化物，能激发大豆植保素的积累和产生富含羟脯氨酸糖蛋白，在烟草体内可诱导植株对病原体的抗性并激活富含甘氨酸蛋白的表达；几丁质是N - 乙酰氨基葡萄糖通过β-1，4键连接而形成的线性多聚糖，其部分脱乙酰化的产物即为壳聚糖，生产上多以海洋甲壳动物外壳为原料，经过脱乙酰化处理后生成壳聚糖，应用最广的是氨基寡糖素。

蛋白质植物免疫诱抗剂是从多种真菌中筛选、分离、纯化出的新型蛋白质，主要包括过敏蛋白、隐地蛋白和激活蛋白等，通过激发植物自身的抗病防虫功能基因表达，增强植物对病虫害的免疫能力并促进植物生长，是一种新型、广谱、高效、多功能生物农药。

（3）免疫诱抗技术在生产中的应用

植物激活蛋白3%可溶性粉剂1000倍液连续施用3～4次，在苗期种子处理或苗床期喷洒，明显促进幼苗根条生长，在营养期、生殖期和成熟期叶面喷施，提高叶绿素含量、花粉受精率、坐果率，增加粒数和粒重，促进瓜果果形均匀，调节植物体内的新陈代谢，激活植物自身的防御系统，对辣椒病毒病、大白菜病毒病等病害都具有一定的诱抗作用，特别是对病毒病的诱抗效果显著，同时能明显促进作物的生长发育，提高作物的产量和品质。

新型海洋寡糖植物免疫诱抗剂（5%氨基寡糖素水剂），选用特定聚合度的壳寡糖为主要成分，易溶于水，吸收快，活性高，绿色环保，施用后能够快速与植物细胞结合。在辣椒、番茄等蔬菜作物上用海岛素500倍液浸种，发芽、出苗快而齐整，苗壮。

2.天敌保护利用技术

天敌，通俗讲就是天然的敌人。自然界中某种生物专门捕食或危害另一种生物，在生物群落中的种间关系可以是捕食关系或是寄生关系，天敌是生物链中不可缺少的一部分。在绿色防控技术中，天敌是指人工繁育或保护利用的可以有效控制农作物害虫的生物种类。

（1）天敌的繁育增殖技术：天敌是自然界中存在的，但在实际中天敌数量不足和存在跟随现象等，往往不能满足生产需要。通过天敌的人工扩繁和释放来补充自然界中天敌种类和数量，是目前国内外害虫生物防治普遍应用的技术之一，对于控制害虫和维护生态均可发挥重要作用。天敌的繁育增殖技术，不仅为有效控制害虫提供足够的天敌种群数量，满足生产上害虫防治的需要，而且，部分天敌的工厂化繁育增殖技术，也是实现天敌利用商业化的重要途径。目前，国内外可以进行大量人工繁育的天敌种类很多，如瓢虫、草蛉、猎蝽等捕食性天敌，赤眼蜂、蚜茧蜂、丽蚜小蜂等寄生性天敌和智利小植绥螨、西方盲走螨等各种捕食螨。

（2）天敌的释放应用技术：天敌释放是天敌有效利用的关键技术。在保证天敌的质量情况下，根据不同的天敌及其害虫的特点，准确把握释放的时机、数量，选择正确的方法是成功利用天敌的关键。根据释放天敌的数量和时机等，可以将天敌释放分为淹没式释放、接种式释放、接力式释放等；从释放的操作方式上可分为人力释放和机械释放等。

为确保天敌释放的有效性，根据不同天敌制订了针对不同作物、不同害虫防治的技术规程。但无论是哪种天敌，控制什么样的害虫，都需要掌握3个关键：一是释放时机的确定。根据对害虫种群动态的监测，准确预防害虫某一虫态出现的高峰时间，根据天敌与害虫相互作用的方式，确定天敌释放的时机。如利用赤眼蜂防治玉米螟，赤眼蜂以卵卡的形式释放，用于寄生玉米螟的卵。因此，要监测玉米螟成虫的产卵高峰，做到蜂卵相遇。二是释放数量的确定。根据害虫种群密度和天敌的控制效率，计算所需释放天敌的数量。从理论上讲，天敌与害虫的数量关系，可以通过功能反应、数值反应模型来计算，但在生产实际中为确保防效，一般会在理论计算的基础上，适当加大释放量。特别是寄生性天敌的释放，多采用淹没式释放，以确保效果。如赤眼蜂防治玉米螟，一般每667m^{2}释放赤眼蜂量达1万～1.5万头。三是释放的次数。天敌控制害虫的关键是二者在时间、数量和持续控制能力上的较量。为保证天敌种群占有优势，可以通过多次释放来维持天敌种群的控制能力。如赤眼蜂防治玉米螟，在多年实践的基础上，总结出在东北地区一般释放2次为宜。考虑到有效性和经济性平衡，设施栽培条件下，还可以采用接力式释放，以维持天敌种群数量，持续控制害虫。

（3）自然天敌保护利用技术：在农业生态系统中，作物、害虫、天敌，以及环境之间构成了一个密切联系的整体。为保护农田生态系统平衡和持续发展，保护和利用害虫天敌资源是最经济有效的害虫防治技术之一。

保护自然天敌是指避免采取对天敌有害的害虫防治措施，重视改善生态环境，保护生态环境多样性，为天敌提供转换寄主，繁殖和越冬场所及增添食料等。利用自然天敌，就是利用自然天敌分布广、繁殖力强、捕食量大、控制作用显著的特点，达到抑制害虫发生、蔓延并控制其危害的目的。

保护利用自然天敌，首先要树立保护观念。即对害虫要有一定的容忍度，要算防治经济账，把害虫防治控制在经济允许范围内，要适当保留部分次要害虫作为主要害虫天敌食料。其次，增加农田系统生物多样性，在田坎、地边、沟边增种豆类、薯类、玉米或高粱等作物，并保留部分杂草，为天敌创造庇护所；进行一些有益的农事活动，给害虫天敌创造转移的机会。第三是适当调整播种、栽插期，在不误农时的前提下，提前或推迟播种期，避开病虫害发生高峰期。第四是科学使用农药，减少大面积施药。如禁止使用高毒、高残留农药，选用生物制剂和高效、低毒、低残留的新药剂；改进喷药方法，如根部施药、树干涂药和包扎内吸性药剂等；避开天敌的发生高峰期施药；尽量采用单株挑治的办法等。

3.微生物农药应用技术

微生物农药主要指活体微生物农药，是利用微生物或其代谢产物来防治危害农作物的病、虫、草、鼠及促进作物生长的一类生物农药，包括以菌治虫、以菌治菌、以菌除草等。这类农药具有选择性强，对人、畜、农作物和自然环境安全，不伤害天敌，不易产生抗性等特点。据查，目前登记的、在有效期的微生物农药品种有451个，这些微生物农药包括细菌、真菌、病毒、病源线虫及其代谢物。

（1）真菌类微生物农药：目前登记的有白僵菌、绿僵菌、耳霉菌、木霉菌、寡雄腐霉、淡紫拟青霉及其复配剂等。主要用作杀虫剂、杀菌剂以及杀线剂。其中，球孢白僵菌产品主要用于防治松黑天牛、竹蝗、美国白蛾和蛴螬等害虫，绿僵菌用于防治蝗虫和蟑螂，厚孢轮枝菌和淡紫拟青霉主要用于防治根结线虫，块状耳霉菌用于防治蚜虫。真菌类微生物农药目前登记数量较少，但应用前景广阔。

（2）细菌类微生物农药：目前登记数量最多，应用最广。主要有苏云金杆菌、枯草芽孢杆菌、蜡质芽孢杆菌、荧光假单孢杆菌、多黏类芽孢杆菌等。其中，苏云金杆菌是目前应用最为广泛的品种，约占到全部生物农药使用量的90%，可用于防治小菜蛾、菜青虫、甜菜夜蛾、斜纹夜蛾、茶毛虫、茶尺蠖、棉铃虫、稻苞虫、稻纵卷叶螟、枣尺蠖、玉米螟、苹果巢蛾和天幕毛虫等多种鳞翅目害虫；多黏类芽孢杆菌可用于防治番茄、烟草、辣椒、茄子青枯病；枯草芽孢杆菌可用于防治黄瓜白粉病、草莓白粉病和灰霉病、水稻纹枯病和稻曲病、三七根腐病和烟草黑胫病等，还可用于调节水稻生长、增产；蜡质芽孢杆菌可用于油菜抗病、壮苗、增产，还可用于防治水稻纹枯病、稻曲病和稻瘟病，小麦纹枯病和赤霉病、姜瘟病等；荧光假单胞杆菌可用于防治番茄青枯病、烟草青枯病和小麦全蚀病；类产碱假单孢菌可用于防治草场牧草草地蝗虫。

（3）病毒类微生物农药：目前该类微生物农药登记也较多，其命名主要依据病毒的形状和目标害虫种类而定，如松毛虫核型多角体、斜纹夜蛾质型多角体、棉铃虫颗粒体等。其中，苜蓿银纹夜蛾核型多角体病毒可用于防治十字花科蔬菜等多种作物甜菜夜蛾；斜纹夜蛾核型多角体病毒可用于防治十字花科蔬菜等多种作物斜纹夜蛾；棉铃虫核型多角体病毒可用于防治危害多种作物的棉铃虫；茶尺蠖核型多角体病毒可用于防治茶树茶尺蠖；油桐尺蠖核型多角体病毒可用于防治茶树茶尺蠖；小菜蛾颗粒体病毒可用于防治十字花科蔬菜小菜蛾；菜青虫颗粒体病毒可用于防治十字花科蔬菜菜青虫；草原毛虫核多角体病毒可用于防治草原毛虫等。

（4）昆虫病原线虫类微生物农药：昆虫病原线虫指以昆虫为寄主的致病性线虫。其作用方式是昆虫病原线虫以侵染期虫态存活于土壤中，寻找或入侵昆虫寄主。每种病原线虫都会与一种属肠细菌科嗜线虫致病杆菌属的细菌共生，当线虫进入昆虫体内后，肠内共生菌会在昆虫的血体腔中大量繁殖，产生毒素致昆虫死亡，并分解昆虫组织，从而起到防治害虫的作用。

线虫对昆虫寄主有严格的识别机制，线虫的识别机制可防止大量线虫聚集在同一寄主体内而出现竞争。目前，国际上常用于防治害虫的线虫主要属于斯氏线虫科斯氏线虫属和异小杆线虫科异小杆线虫属。用昆虫病原线虫防治果树害虫、蔬菜害虫和草坪害虫，已取得一些成果，但现在我国还没有病原线虫的相关农药登记。

4.植物源农药应用技术

植物源农药是来源于植物体（人工栽培或野生植物）的农药，包括从植物中提取的活性成分、植物本身和按活性结构合成的化合物及衍生物，其有效成分通常是植物有机体中的一些、甚至大部分有机物质。

（1）植物源农药类型：有植物毒素、植物内源激素、植物源昆虫激素、拒食剂、引诱剂、驱避剂、绝育剂、增效剂、植物防卫素、异株克生物质等。

（2）植物源农药作用机理：植物源农药产品中往往含有大量的有机酸、酚类、矿物质及激素，这些物质不但可调节作物的生长发育，也可诱导作物产生抗病性或抗逆性。如苦参碱及其制剂可刺激黄瓜根系生长；印楝素提取后的印楝渣可作为一种优良的有机肥料，不仅可以改良土壤、调节土壤有益微生物菌群，同时印楝渣降解产物对线虫还有毒杀作用；大蒜素、鱼藤、莨菪烷碱等不仅具有杀虫或抑菌活性，还对多种蔬菜及粮食作物具有丰产、增产效果；丁香酚及其制剂能够诱导烟草体内抗病相关防御酶活性及病程相关蛋白表达，同时还对作物生长具有刺激作用；苦豆子生物碱能够在番茄营养期促进生长，生殖期促进果实增产，对果实品质无不利影响。

与化学合成等其他类农药相比，植物源农药具有环境友好、生物活性多样、作用方式特异、对非靶标生物安全、不易产生抗药性、促进作物生长并提高抗病性、种类多、开发途径多等特点。目前，瓜、果、蔬菜、特种作物（茶、桑、中草药、花卉等）及有机农业领域得到应用的植物源农药有除虫菊素、苦参碱、印楝素、苦皮藤素、鬼臼毒素、川楝素、雷公藤生物碱、孜然杀菌剂、大黄素甲醚等。

（3）植物源农药使用原则：植物源农药多为专一性药剂，且大多具有"特殊活性"，因此，在使用时要从剂型、使用次数、使用浓度、间隔期及合理混用等方面综合考虑，把握以下原则：

一是对症下药，根据有害生物的类别和生物学特性合理选用相应的药剂种类，根据药剂性能把握住合适的使用剂量。

二是根据有害物发生发展规律与危害特征，适时施药，由于药效发挥相对较为缓慢，一般宜提早预防用药或于病虫害发生初期施药。

三是适法施药，植物源农药主要用于经济作物，也可用于绿色、有机基地的大田作物，大田用药则以全覆盖喷施为主；设施农业（如大棚蔬菜）则可采用低容量、超低容量、热雾、喷烟、静电法用药；果园、枸杞田等大面积田块，可用大型机械喷施；蔬菜、花卉、中草药等田块，可用手动机械喷施。

四是很据药剂特点灵活用药，植物源杀虫剂主要起胃毒作用，大多无触杀和内吸作用，因此宜于晴天下午4点至傍晚施药，以尽量延长药剂在植物表面的黏附时间，若药后下雨则重新施药。除虫菊素、川楝素、印楝素等均易光解，应避免在强光高温下使用。

五是注意使用技巧，使用二级稀释法配制喷雾液，稀释用水的温度至少20℃以上，注意稀释用水的碱度（影响分散性及有效成分的稳定性）。

5.农用抗生素应用技术

农用抗生素是一类由微生物发酵产生、具有农药功能、用于农业上防治病虫草鼠等有害生物的次生代谢产物。

放线菌、真菌、细菌等微生物均能产生农用抗生素，其中放线菌产生的农用抗生素最多。目前广泛应用的许多重要农用抗生素都是从链霉菌属中分离得到的放线菌所产生的。

与一般化学合成农药相比，农用抗生素属生物农药，具有结构复杂、活性高，用量小、选择性好、易被生物或自然因素所分解，不在环境中积累或残留等特点，是今后减少化学农药使用的重要途径。

农用抗生素按用途区分，有杀菌剂、杀虫剂、杀螨剂、除草剂和植物生长调节剂，其中较为突出的杀虫杀螨剂有阿维菌素、浏阳霉素等，杀菌剂有井冈霉素、春雷霉素、多抗霉素、申嗪霉素、中生菌素、宁南霉素、梧宁霉素、武夷霉素、农抗120等，生长调节剂有赤霉素，除草剂有双丙氨膦等。

6.生长调节剂应用技术

生长调节剂包括人工合成的对植物的生长发育有调节作用的化学物质和从生物中提取的天然植物激素。按照登记批准标签上标明的使用剂量、时期和方法使用后，能有效调节作物的生育过程，如促进或打破休眠、促进或抑制种子萌发、疏花疏果和保花保果、诱导花芽分化、促进果实成熟着色等，从而达到稳产增产、改善品质、增强作物抗逆性等目的。现已发现的具有调控植物生长和发育功能的物质有胺鲜酯（DA-6）、氯吡脲、复硝酚钠、赤霉素、乙烯利、细胞分裂素、吲哚丁酸、脱落酸、油菜素内酯、2，4-滴、二十烷醇、多效唑、水杨酸、茉莉酸和多胺等，主要是前9大类作为植物生长调节剂被应用在农业生产中。生长调节剂具有用量小、速度快、双调控等特点，但使用效果易受气候条件、施药时间、用药量、施药方法、施药部位以及作物本身的吸收、运转、整合和代谢等多种因素影响。使用中要注意：

对症选用，根据目标作物品种和生长调节剂的功能对症选择。

严格把握用量，不能随意加大。严格按药剂标签使用说明使用适宜的浓度，有的生长调节剂不同浓度有不同的调节作用，低浓度下有促进作用，而在高浓度下则变成抑制作用，如随意加大用量或使用浓度，就可能使作物生长受到抑制，甚至导致叶片畸形、干枯脱落、整株死亡。

不能随意混用，如乙烯利药液通常呈酸性，不能与碱性物质混用；胺鲜酯遇碱易分解，不能与碱性农药、化肥混用。

使用方法要得当。生长调节剂使用量小，使用前最好先稀释成母液再配制成需要的浓度，否则可能影响使用效果。

五、生态控制技术

（一）生态控制技术定义

农作物栽培过程中，农作物种植的生态条件包括土壤、危害农作物的病虫害种类、天敌种类和数量、周围的植被环境、气象情况等，各种生物和非生物之间构成了一个区域生态系统，在这个系统中的生物与生物、生物与环境各因素之间互相联系、互相影响。生态环境里，生物群落结构越复杂，其稳定性也越大，如周围植被丰富、生态环境复杂的果园，病虫害大发生的概率就较小；大面积单一栽培的果园，某些病虫流行和扩散的概率就大。生态控制技术是在清楚当地气候因素、土壤条件与作物生长发育的关系以及对病虫发生的影响的前提下，充分保护和利用作物生态系统中生物多样性的自然调控作用，以农作物为主体，通过调整作物生态系统多样性、作物多样性、病虫种群结构等，阻断病虫害传播途径，改善作物受光条件和温湿度小气候，创造有利于有益生物种群稳定增长、抑制有害生物暴发成灾的环境，减轻农作物病虫害压力和提高产量的技术措施。

（二）生态控制技术的组成

从生态控制的定义可知，生态控制技术就是增加农田生态系统多样性，并使各生态因子达到平衡状态，提高生态系统稳定性的技术。针对不同的农作物、不同的种植环境，生态调控的技术组成各异，但基本包括以下几个组成部分：

1.生态环境因子控制技术

对农田生态系统中各种环境因子的控制技术，如温度、水分、土壤等的控制技术。特别是在设施栽培条件上，温室的温湿度控制、温室内土壤理化性状、肥力的控制等都是生态控制技术的组成部分。

2.植物的多样性控制技术

作物生产中总是以某种作物为主，但为了增加系统的稳定性，需要进行多样性种植，可以是作物遗传的多样性，也可以是作物种类的多样性。如多品种混种、在田边地头种植与主要作物不同的其他作物等。

3.害虫-天敌控制技术

生态系统中没有消费者就不是一个完整的系统，是一个不稳定的系统。植物—害虫—天敌以及环境因子构成了系统的生物链。人类获取某种经济利益的时候，系统的平衡就会受到影响，为减少这种影响对经济利益的损害，就要人为地增强生物链中的某些环节，以期达到平衡。为了减少害虫的危害，需要增加天敌的数量，改善天敌生存环境。

（三）常用生态控制技术

1.增加生态系统多样性技术

一是增加农田生态系统多样性的群落多样性，如在我国一些水稻主产区实施的稻—鸭、稻—蟹共育以及稻—灯—鱼等生产方式就是农田生态系统的群落多样性例子。二是增加作物的多样性，大范围内合理布局作物生长环境，包括间作、套种、立体栽培等措施，以及利用诱虫植物、蜜源植物、绿肥作物等在田间、水渠沟边、果园行间建立篱墙或覆盖作物等，提高有益生物的种群数量，调节园内温湿度等小气候，为瓢虫、草蛉等天敌的栖息和繁殖创造良好生态环境。三是增加作物品种的多样性，包括种植同一作物的不同抗性品种等，如在我国西南稻区推广不同遗传背景的水稻品种间作，利用病菌稳定化选择和病害生态学原理，可以有效地减轻稻瘟病的发生与流行。

2.生态工程技术

生态工程是人类应用生态学和系统学等学科的基本原理和方法，通过系统设计、调控和技术组装，对已破坏的生态环境进行修复、重建，对造成环境污染和破坏的传统生产方式进行改善，并提高生态系统的生产力，从而促进人类社会和自然和谐发展。

按照生态工程原理，根据农田生态系统的实际，设计保护生态系统健康的技术路线，并采取相应的技术措施。一般而言，农田生态系统设计以田间生态环境调节为手段，通过创造不利于害虫而有利于天敌的环境，采用抗性品种、引诱植物、农业措施、生物因子和信息物质等不利害虫的技术措施，达到构建和恢复生态系统健康的目标。

六、其他生物技术

随着生物技术的迅速发展，在农作物病虫害防治方面也出现了一些可喜的进展。

（一）转基因技术的应用

转基因技术的理论基础是进化论衍生而来的分子生物学。基因片段来源于特定生物体基因组中所需要的目的基因，或人工合成的指定序列的DNA片段。DNA片段被转入特定生物中，与其本身的基因组进行重组，再从重组体中进行数代的人工选育，从而获得具有稳定表现特定遗传性状的个体。该技术可以通过重组生物获得人们所期望的新性状，培育出新品种。农业上利用转基因技术培育了一系列的转基因品种，如在我国成功应用的转基因抗虫棉花。

（二）基因编辑技术的应用

基因编辑技术指能够让人类对目标基因进行"编辑"，实现对特定DNA片段的敲除、加入等。CRISPR/Cas9技术自问世以来，就有着其他基因编辑技术无可比拟的优势，在不断改进后，更被认为能够在活细胞中最有效、最便捷地"编辑"任何基因。通过对作物品种进行基因编辑，创制或改造品种抗病虫性状，或对害虫进行基因编辑，使其丧失危害功能，从而达到防治病虫害的目的。

（三）RNA干扰技术的应用

RNA干扰也叫基因沉默，指在进化过程中高度保守的、由双链RNA诱发的、同源mRNA高效特异性降解的现象。目前基因沉默主要有转录前水平的基因沉默（TGS）和转录后水平的基因沉默（PTGS）2类。TGS指由于DNA修饰或染色体异染色质化等原因使基因不能正常转录；PTGS启动了细胞质内靶mRNA序列特异性的降解机制。由于可以特异性剔除基因或关闭特定基因的表达，所以该技术可用于作物抗病虫基因功能的增强和有害生物功能失活等领域。

（四）害虫辐射不育技术

昆虫不育技术利用遗传学的方法防治害虫，其优点是不污染环境，害虫不易产生抗性，而且对有害生物的防控效果迅速，甚至可在几个世代内导致害虫种群的下降、基本消灭或更替。其做法是将一种不育的昆虫，释放到害虫的野生种中去，不育昆虫与野生昆虫交配后，产生不育卵。目前不育技术防治包括辐射不育、化学不育、杂交不育、胞质不亲和性及染色体易位等，研究较多的是辐射不育。辐射不育是利用辐射源对害虫进行照射处理，在昆虫体内产生显性致死突变（即染色体断裂导致配核分裂反常），产生不育并有交配竞争能力的昆虫。因地制宜地将大量不育雄性昆虫投放到其野外种群中去，使卵不能孵化或即使能孵化但因胚胎发育不良而死亡，最终可达到彻底根除该种害虫的目的。目前，项技术研究已取得较大进展，有些已进入实用阶段。

第四节　陕西省设施蔬菜主要病虫害防治技术

一、陕西设施蔬菜病虫发生现状与存在问题

（一）现状

据调查走访，陕西省设施蔬菜目前病害主要是灰霉病、霜霉病、细菌性角斑病、枯萎病、黄萎病、疫病、蔬菜根结线虫病、黄瓜黑星病；虫害主要是白粉虱、蚜虫、斑潜蝇等。这些病虫有的是过去零星发生或偶发，现在变为普遍发生；有的是由过去的季节性发生变为现在长年发生，且为害愈来愈严重；还有的是过去没有的病虫现在也从无到有，发生面积和为害程度逐年加重，成为目前设施蔬菜生产中的突出且很难解决的问题。随着我省设施蔬菜产业的不断发展，病虫种类还将不断发生变化，防治难度将更大。

（二）存在问题

1.病害发生严重

设施蔬菜生产过程中，病害往往重于虫害，为害重、控制难，容易快速流行成灾。如黄瓜霜霉病，从点片发生到蔓延全棚仅需5～7d，一般棚室产量损失10%～20%，发病严重的损失达50%以上，甚至绝收；番茄早疫病从零星发病到蔓延全棚约需10d，每年约有3%的棚室因此而绝收；番茄叶霉病从始发病到全棚发病需15d左右，染病植株的叶片大量枯死，被迫提早拉秧。

2.病虫发生为害早、时间长、损失大

设施蔬菜病虫的发生为害时间，较露地栽培明显提前。如番茄灰霉病在1月份就发生；番茄叶霉病、早疫病从苗期就开始，至中后期都可流行为害，为害期明显延长；温室白粉虱、美洲斑潜蝇、甜菜夜蛾等害虫在日光温室内世代增加而且重叠，由常规种植下的季节性发生变为周年性发生，发生为害期长达7～9个月。据调查，温室蔬菜病虫害造成的损失也明显超过露地，一般每667m^{2}经济损失在2000～3000元，较露地多1600～2300元。在30%左右亏本经营和毁棚的日光温室中，约有70%是由病虫害所导致的。

3.病虫种类多，发生情况复杂

设施蔬菜病虫发生极为普遍，不仅发生的种类多、数量大，而且各种病虫经常混合发生。

4.农药使用量偏高

种植户为了使高投入的设施栽培获得较高的产量和收益，往往超常规地增加农药使用量和使用次数，普遍形成了对农药的过度依赖，忽视了农业、物理、生物等防治措施。据调查，陕西日光温室黄瓜每667 m^{2}农药使用量超过30kg（商品量）以上的占调查户总数的10%，20～30kg的占20.9%，10～20kg的占53.3%，5kg以下的仅占6.7%。

二、陕西省病虫害绿色防控规范

（一）病虫基数控制技术

加强苗期管理，重点试验推广蔬菜抗病品种、育苗期包衣种子，种子拌种、苗床土壤处理等技术，严防苗期土传病害的发生，最大限度地降低种子、土壤带菌，确保生产健康无病的菜苗。对于设施大棚，重点推广高温闷棚、药剂熏棚、药剂处理土壤等技术，杀灭棚内病菌，为蔬菜健康生长创造良好环境。

（二）免疫激活提高技术

利用氨基寡糖素、赤·吲乙·芸苔等可诱导激活植物抗性和调节植物生长功能的特点，通过相关诱导剂与不同防治药剂的协同使用，提高设施作物植株的抗逆能力。

（三）部分害虫诱杀技术

重点推广诱虫板（黄板、蓝板）、杀虫灯、防虫网等诱杀害虫技术，采用物理措施灭虫，减少农药使用次数与使用量，控制设施内病虫害的发生，降低农药残留，确保生产优质放心蔬菜。

（四）安全药剂防治技术

根据试验作物不同生育期主要防控对象及发生情况，对达到防治指标的设施大棚，采用高效、绿色、环保型化学药剂品种与先进剂型组成最佳用药组合，在病虫害调查监测的基础上，抓住防治关键时期，科学施药。

（五）高效器械应用技术

根据设施蔬菜病虫防治实际，引进试验热力烟雾机以及静电喷雾器等新型施药器械，试验掌握最佳药水用量与使用方法，提高防治效果和效率。

三、陕西省设施蔬菜主要病虫害防治技术

（一）主要病害防治技术

1.番茄早疫病

（1）为害症状：叶片轮纹斑边缘多具浅绿色或者黄色晕圈，有同心轮纹；茎部在分枝处有（深）褐色圆形或椭圆形斑，有灰黑色霉层；果实染病，始于花萼附近，后期果实开裂，密生黑色霉层。

（2）防治措施：早春定植时调整好棚内的温湿度，闷棚时间不宜过长与高湿度过大；防治期应在发病前看不见病斑即开始用药，所用药剂有75%百菌清可湿性粉剂600倍液、58%甲霜灵·锰锌可湿性粉剂500倍液等喷雾处理；阴天或雨天采用粉尘或烟剂进行防治，粉尘法用5%百菌清粉尘剂，每667m²每次1kg，烟剂法用45%百菌清烟剂或10%速克灵烟剂，每667m²每次200～250g。

2.番茄晚疫病

（1）为害症状：幼苗染病使茎变细并呈黑褐色，萎蔫或折倒；叶片染病初为暗绿色水浸状，扩大后转为褐色，叶背病健交界处长有白霉；茎上病斑呈腐败状，导致植株萎蔫；果实染病中青果受害最重，初呈油浸状暗绿色，后变为棕褐色至暗褐色。

（2）防治措施：从苗期开始，防止棚室高湿条件出现，减缓病害的发生蔓延；发病重的田块可以与非茄科作物实行3年以上的轮作；发现病株后，可选用72.2%普力克水剂800倍液、72%克露可湿性粉剂等。

3.番茄灰霉病

（1）为害症状：叶片病斑呈倒"V"字形向内扩展，初水浸状、浅褐色，后干枯生灰霉；茎染病呈水浸状小点，后扩展为长形斑，或有灰褐色霉层；果实染病青果受

害最重，果皮呈灰白色，软腐，生大量灰绿色霉层。

（2）防治措施：该病属低温高湿病害，应加强通风及变温管理，升高棚温、降低棚内湿度；发病后及时摘除病果（叶），集中烧毁或深埋，避免人为传播。定植前用50%速克灵可湿性粉剂1500倍液等喷淋番茄苗；蘸花时用药，在配好的蘸花液中，加入0.1%的50%速克灵可湿性粉剂等防治；第3次用药掌握在浇催果水的前1d，用65%的甲霉灵可湿性粉剂800倍液等防治。

4.番茄叶霉病

（1）为害症状：叶面染病出现不规则形淡黄色褪绿斑，初生白色霉层，后变为灰褐色；果实染病，果蒂附近或果面形成黑色不规则斑块，硬化凹陷。

（2）防治措施：选用抗病品种；播种前用53℃温水浸种30min，晾干播种；发病重地区，实行3年以上的轮作；保护地定植前用硫黄粉熏蒸大棚或温室；发病初期用45%百菌清烟剂每667m²每次250g熏一夜，或于傍晚喷洒7%叶霉净粉尘，或5%加瑞农粉尘防治。

5.番茄病毒病

（1）为害症状：分花叶型、蕨叶型、条斑型、巨芽型、卷叶型和黄顶型。花叶型叶片出现黄绿相间的斑块，叶脉透明，叶片略有皱缩；蕨叶型植株矮化，上部叶片部分或全部变成线状，中、下部向上卷曲；条斑型叶片为茶褐色斑点或云纹，茎蔓上为黑褐色斑块；巨芽型顶部及新长出的幼芽大量分枝，叶片呈线状色淡，病株多不能结果；卷叶型叶脉间黄化，叶片边缘向上卷曲，整个植株矮缩；黄顶型顶部叶片褪绿黄化，叶片变小，叶面皱缩，病株矮化，不定枝丛生。

（2）防治措施：严重地块要实行2年以上轮作，并结合深翻施用石灰，促使病毒钝化；定植缓苗期喷洒万分之一的增产灵可提高植株对病毒的抵抗力；第一次坐果期应及时浇水；温室大棚应用防虫网防治蚜虫，避免蚜虫传毒；发病初期用20%病毒快杀或20%诺尔毒克800倍液等防治。

6.黄瓜霜霉病

（1）为害症状：下部叶片先发病，逐渐向上蔓延，茎、须、花梗均能受害。受害叶部初呈淡黄色小斑点，条件适宜时，病斑迅速扩展，病斑呈多角形，淡褐色至深褐色，潮湿时，背面长有灰褐色的霉层。当病斑连成片后，叶片呈黄褐色干枯。

（2）防治方法：选用抗病品种，加强田间管理，增强植株抗病性；加强通风，降低空气湿度，控制空气相对湿度在70%以下；采用地膜覆盖和膜下暗灌等；尽量避开适于病害流行的15～24℃温度范围。白天将设施内温度控制在28～32℃，夜间温度控制在10～15℃，空气相对湿度白天控制在60%～70%，夜间85%～90%，叶片上不能有水膜或水滴，可有效控制病害的发生；温室大棚霜霉病严重时可用闷棚法，闷杀前1d先灌水，增大湿度，晴天上午密闭棚室，使棚室内温度升高至42～45℃，持续2h，然后盖花帘遮阴，等温度降低到35℃时，再缓慢通风，使温度逐渐降至正常范围，可有效控制病害蔓延；可用70%乙磷铝锰锌500倍液、25%甲霜灵600倍液、64%杀毒矾可600倍液等，交替叶面喷雾。高效药剂有抑快净、克露、普力克。温室和大棚内还可用45%百菌清烟雾剂300～330g/667m²，傍晚封闭棚室后熏蒸。

7.黄瓜细菌性角斑病

（1）为害症状：叶片受害，初呈水渍状水点，后扩大，因叶脉限制而形成多角形病斑，呈黄色，叶背呈明显水渍状。潮湿时出现明显菌脓，干燥时穿孔。瓜条及茎受害，初呈水渍状圆斑，潮湿时出现白色菌脓并湿腐，或形成溃疡和裂口。

（2）防治方法：合理灌水，加强通风，降低空气湿度；严格与非瓜类作物实行2年以上轮作；用无病土育苗；进行种子消毒，可进行温汤浸种，或用100万单位农用链霉素500倍液浸种2h，冲洗后播种；用200单位农用链霉素或150～200倍新植霉素液喷洒，或用30%DT可湿性粉剂500倍液、60%DTM可湿性粉剂500倍液、77%可杀得可湿性微粒剂400倍液喷洒。

8.黄瓜白粉病

（1）为害症状：主要为害叶片、叶柄和茎，果实一般不受害。受害初，叶表面出现白色粉状霉点，后逐渐扩大，病斑连成片，整叶布满白色粉状物，后期呈灰白色。秋季病斑上产生小黑点，严重时叶片干枯、卷缩。

（2）防治方法：合理轮作，选用抗病品种，清除病残组织，加强通风降湿；设施消毒，定植前，每100m²设施用硫黄粉250g，与500g锯末混匀，点燃密封熏蒸一夜；发病前用2%的农抗120水剂或武夷菌素200倍液喷洒，或用0.1%～0.2%的小苏打溶液喷雾防效良好。或发病初，用30%特富灵每667m²每次20g，连防2次。或用50%多硫悬浮剂、10%世高水分散剂、25%腈菌唑喷雾防治。

9.西瓜猝倒病

（1）为害症状：苗期发病，幼苗茎基部产生水渍状病斑，继而病部变为黄褐色，缢缩成线状。病害发展迅速，在子叶尚未凋萎之前幼苗即猝倒。有时幼苗尚未出土，胚轴和子叶已普遍腐烂。湿度大时，在病部及其周围的土面长出一层白色棉絮状菌丝。

（2）防治方法：选择地势高，地下水位低，排水良好的地块作苗床；用有机肥或堆肥作培养土时，必须充分腐熟；选用无病新土进行育苗，或对育苗土进行消毒：用95%噁霉灵原药（绿亨一号），每1m³培养土用药1.5kg，对水3000倍均匀喷洒培养土，然后装钵育苗。药土盖种，每1m²苗床用30%多·福（苗菌敌）可湿性粉剂4g对细干土4～5kg，或绿亨一号1g对细干土15～20kg，制成药土，在播种前取1/3撒于床面，剩余2/3在播种后覆盖在种子上；播前一次灌足底水，播后多次覆土保墒，控制浇水，降低苗床的湿度；发病初期可喷洒30%苯噻氰（倍生）乳油1200倍液，每1m²喷淋药液

2～3L，或15%噁霉灵（土菌消）水剂450倍液、3%噁霉·甲霜（广枯灵）水剂1000倍液，或72%杜邦克露可湿性粉剂800～1000倍液，视病情，连喷2次。每次喷药后要结合通风，降低苗床湿度，可收到较好的防效。

10.西瓜枯萎病

（1）为害症状：西瓜幼芽受害，在土壤中即腐败死亡，不能出苗。出苗后发病，顶端呈失水状，子叶和真叶垂萎，幼茎基部萎缩变褐猝倒；成株发病，初期叶片从后向前逐渐萎蔫，似缺水状，中午尤为明显，但早晚尚可恢复，3～6d后，整株叶片萎蔫，不能恢复。病蔓基部缢缩，有的病部变褐，茎皮纵裂，常伴有琥珀色胶状物溢出。纵剖病蔓，维管束呈褐色。后期病株木质部碎裂，根部腐烂仅见黄褐色纤维。潮湿时，病部常见到粉红色霉状物，即病原菌分生孢子梗和分生孢子。

（2）防治方法：选用抗病或耐病品种，采用无病种子或种子消毒，在播前可用种子重量0.3%～0.4%的50%多菌灵可湿性粉剂拌种，或用50%多菌灵可湿性粉剂500倍液，浸种1h；严格选择营养土，采用无病土或消毒的土壤作营养钵育苗，可减少苗期病菌侵染；合理栽培管理，提高植株抗病性，提倡水旱轮作，或与非瓜类作物5年以上轮作，深翻土地，高畦栽培，发病严重的大棚、温室更要采取与非瓜类作物轮作，施用腐熟的基肥，及时追施磷钾肥，及时通风，降低大棚湿度，不可大水漫灌，防止植株早衰和茎基部因土壤水分供应不均衡而产生自然裂伤，发病时要控水，及时清除病株，彻底销毁或深埋，并用石灰等进行土壤消毒；苗床消毒每$1m^2$用50%多菌灵8g处理畦面，定植前用50%多菌灵可湿性粉剂每$667m^2$使用2kg，混入细干土30kg，混匀后撒入定植穴内；在夏季高温季节，利用太阳能进行土壤消毒，即收获后，翻好地、灌水、铺上地膜，然后密闭大棚15～20d，地表土壤温度可以达到70℃以上，对枯萎病及其他土传病害、线虫等均有较好的防治效果；发病初期或发病前进行药剂灌根治疗，常用的药剂有绿亨一号1000倍液，或25%溶菌灵可湿性粉剂800倍液，或40%多·硫悬浮剂500～600倍液，每株灌药液0.25kg，每隔5～7d施用1次，连续防治2～3次。对重茬栽培用嫁接防治，效果显著。

11.西瓜炭疽病

（1）为害症状：西瓜叶、蔓、果均可发病。叶部病斑，初为圆形淡黄色水渍状小斑，后变褐色，边缘紫褐色，中间淡褐色，有同心轮纹和小黑点，病斑易穿孔，病斑直径约0.5cm，外围常有黄色晕圈，病斑上的小黑点和同心轮纹都没有蔓枯病明显，病斑颜色较均匀。叶柄和蔓上病斑梭形或长椭圆形，初为水浸状黄褐色，后变黑褐色。果实受害，初为暗绿色油渍状小斑点，后扩大成圆形，暗褐色稍凹陷，空气湿度大时，病斑上长橘红色黏状物，严重时病斑连片，西瓜腐烂。

（2）防治方法：选用抗病耐病品种；严格选择营养土，育苗地要实行与非瓜类

3年以上轮作，防止土壤带菌，不能轮换时必须进行苗床土壤消毒；种子处理，对生产用种可用50～51℃温水浸种或用种子重的0.3%～0.4%的50%多菌灵粉剂拌种，或用福尔马林200倍液浸种30min，用清水冲洗干净后催芽；与非瓜类作物实行3年以上轮作；采用配方施肥，施用充分腐熟的有机肥，注意平整土地，防止田间积水，雨后及时排水，合理密植；瓜类作物收获后要及时清除病残体等。发病初期可用75%百菌清可湿性粉剂500～700倍液，或25%溴菌腈（炭特灵）可湿性粉剂500倍液，或80%炭疽福美可湿性粉剂800倍液，或25%咪鲜胺（使百克）乳油1000倍液，或10%世高水分散颗粒剂1000倍液，或2%抗霉菌素（农抗120）水剂200倍液等，间隔7～10d施用1次，共喷药2～3次。

12.茄子黄萎病

（1）为害症状：多在门茄坐果后开始出现，通常从植株的半边或整个植株的下部叶片开始发病。发病初期近叶柄的叶缘部叶脉间叶肉褪绿、变黄，晴天高温时午间呈现失水状萎蔫，早晚或天转阴凉时能恢复。随病情加剧，数日后全叶由黄渐变成黄褐色，萎蔫下垂以至脱落，形成半边枯；严重时整株叶几乎脱光，仅剩顶部几片新叶，或全株发病枯死。多数表现为全株病害，但也有仅部分枝条发病的。早期发病的植株到生长中后期表现植株矮小，株形不舒展，纵切病株根茎部，木质部维管束呈黄褐色或棕褐色，纵切病株果实，维管束也变褐色。

（2）防治方法：无病区调进种子，必须经过检疫，播前进行种子消毒；选择排灌条件好、肥沃的砂质土，注意与非茄科作物实行4年以上轮作，多施腐熟的有机肥及磷、钾肥，并要进行深耕，适时定植，起苗时多带土，少伤根，采用垄作；加强肥水管理，及时追肥，避免大水漫灌，雨季及时排水；发现病株应连根拔除，集中烧毁；整地前每667m²地面撒施50%多菌灵2.5～3kg，耙入土中消毒，定植后可用50%多菌灵800～1000倍液、50%DT杀菌剂500倍液、70%敌克松原粉500倍液灌根，每株0.5L，隔10d灌1次，连灌2～3次。

13.茄子褐纹病

（1）为害症状：主要为害茄果，也侵染幼苗、叶和茎秆。果实受害初期在果面上产生浅褐色病斑，圆形为至椭圆形，病斑直径5～55mm，扩大后变为暗褐色，呈半软腐状，有时呈现明显的同心轮纹，其上散生许多黑色小粒点，许多病斑常莲片，使整个茄果腐烂、脱落软腐或挂在枝上干缩成僵果；叶片发病先从底部叶发病，逐渐向上部发展，先呈现水浸状褐色斑点，圆形或近圆形，后期扩大为不规则形，边缘呈深褐色，中央呈灰白色或浅褐色，其上轮生许多黑色小粒点，常排列成同心轮纹状，叶片易破裂、脱落、穿孔；茎部任何部位都可发病，病斑初期为褐色水浸状梭形病斑，边缘深紫褐色，中间灰白凹陷的干腐状溃疡病斑，上生许多深褐色小点，病斑多连接成较长的坏死区，使病部以上干腐而纵裂枯死，最后皮层脱落露出木质部，遇风易折断；幼苗较小时，多在近地面茎基部，形成近梭形水浸状病斑，以后病斑逐渐变为褐色或黑褐色，稍凹陷，条件适宜时，病斑迅速扩展环切茎部，导致幼苗猝倒死亡。

（2）防治方法：选用抗病品种及种子处理；苗床土壤消毒；定植时选用无病健苗，密度不要过大，及时摘除病枝病果，集中烧毁；施足底肥，避免氮肥过多，要增施磷钾肥，结果后期及时追肥，合理灌水，雨后及时排水，防止地面积水。苗期发病可用65%代森锌可湿性粉剂500倍液、50%克菌丹可湿性粉剂500倍液，每5～7d喷1次；定植后在茄子茎基部，撒施草木灰或石灰粉，能减少茎基部溃疡；病株出现后，及时摘除病叶、病果，用1∶1∶200波尔多液、75%百菌清可湿性粉剂600倍液、65%代森锌可湿性粉剂500倍液喷雾，控制病害蔓延。

14.茄子绵疫病

（1）为害症状：主要为害果实，也为害植株其他部分。受害果实以下部老果较多，初期病部生有水浸状圆形斑点，先从果实腰部或脐部呈现，扩大后呈黄褐至暗褐色，稍凹陷，最后蔓延到整个果实，以后病部逐渐收缩，质地变软，表皮有皱纹，在田间湿度大时，病部产生白色棉絮状物，内部果肉变黑腐烂；幼果被害，全果呈半软腐状，果面遍布白霉，后干缩成僵果，不脱落而长期挂在枝上；叶片受害，多从叶尖或叶缘开始，产生近圆形的水浸状褐色病斑，有明显的轮纹，潮湿时病斑扩展很快，边缘不明显，可使全叶烂掉；花常在发病盛期受害，呈水浸状褐色湿腐，很快扩展延到茎上，使嫩茎变褐腐烂，缢缩凋萎而枯死。

（2）防治方法：选择地势高燥、排水良好的肥沃地块栽植茄子；底肥要足，追肥要及时，氮、磷、钾肥要施用合理；选用抗病品种，实行宽行密植，适当整枝，及时摘掉底部老叶，改善行间通风透光条件；雨后要及时采收，适时追肥，促进植株健壮生长，提高抗病力。发病初期可用1∶1∶200倍波尔多液、50%甲基托布津1000～1500倍液、58%甲霜灵锰锌400～500倍液、64%杀毒矾可湿性粉剂500倍液喷雾，每7～10d喷1次，喷药重点保护植株中下部茄果，并注意喷洒地面，杀死病菌。

15.菜豆锈病

（1）为害症状：又称黄疸。发生较为普遍，主要为害叶片和豆荚。初发病时在叶背面形成淡黄色小斑点。并逐渐转红褐色且隆起，表皮破裂后散出红褐色粉末（夏孢子），后期产生黑褐色块（冬孢子），叶片变形，提前脱落。

（2）防治方法：选用抗病品种；实行轮作换茬；发病期及时摘除病叶病荚，拉秧时彻底清除残体，带出田间集中烧毁；合理密植，适当稀植，加强田间通风透光，防止郁闭高湿；保护地采用高畦定植、地膜覆盖，及时通风，降低棚内湿度。发病初期及时喷药保护，常用的药剂有50%多硫悬浮剂400倍液、15%三唑酮1000倍液+25%敌力脱乳油4000倍液、或97%敌锈钠可湿粉250倍液、或77%可杀得悬浮剂+75%百菌清800倍液、或30%双苯三唑醇乳油2000倍液喷雾，7～10d1次，连喷3次。

16.菜豆菌核病

（1）为害症状：发病时多从茎基部或第一分枝分杈处开始，初呈水浸状，逐渐发展呈灰白色，茎表皮发干崩裂，呈纤维状。潮湿时，在病组织中间生成鼠粪状黑色菌核，病斑表面形成白色霉层，严重时导致植株萎蔫枯死。

（2）防治方法：在无病株上留种或进行选种，种子混有菌核时，可用10%盐水选种，彻底剔除菌核，用清水洗净后播种；实行轮作，拉秧时清除病株残体，结合整地进行深翻，将菌核埋入土壤深层；不偏施氮肥，增施磷钾肥提高植株抗性；实行地膜覆盖，阻隔子囊盘出土；适当提高棚内温度（25℃）；及时摘除老叶。发病初期用10%速克灵烟剂，每667m²每次250g，傍晚点燃，或40%菌核净可湿性粉剂1000倍液，或50%多菌灵可湿性粉剂800倍液喷雾，每隔10d喷1次，共喷药2～3次。

17.菜豆根腐病

（1）为害症状：早期症状不明显，直到开花结荚期植株较矮小，病株下部叶片从叶缘开始变黄枯萎，一般不脱落，病株容易拔出，茎的地下部和主根变成红褐色，病部稍凹陷，有的开裂深达皮层，剖开叶柄或茎蔓，维管束已变褐，侧根脱落或腐烂，主根全部腐烂的，病株枯死，土壤湿度大时，常在病株茎基部产生粉红色霉状物，即病菌的分生孢子梗和分生孢子。

（2）防治方法：种植抗（耐）病品种；实行与十字花科、百合科作物2年以上轮作；施用酵素菌沤制的堆肥或腐熟的有机肥；选择地势高、排水良好地块或采用高畦栽植，严禁大水漫灌，雨后及时排水，发现病株及时拔除烧毁。发病初期喷淋或浇灌50%甲基托布津·硫磺悬浮剂600～700倍液，或50%多菌灵可湿性粉剂500倍液，或78%波·锰锌可湿性粉剂600倍液，灌根每株用对好的药液400mL，隔10d左右1次，连续防治2～3次；播种时用70%甲基托布津或50%多菌灵可湿性粉剂1份对细干土50份，充分混匀后沟施或穴施，每667m²用药1.5kg，也可喷施植物动力2003营养液，每1mL对水1kg。

18.豇豆叶斑病

（1）为害症状：豇豆叶斑常见的有煤斑病（赤斑病）、褐缘白斑病（斑点病）、灰褐斑病和褐轮斑病4种，其中以煤斑病发生较多。煤斑病是在叶面初生赤褐色小斑，后扩展成近圆形或不规则形，无明显界限的病斑，大小约1～2cm，有时汇合成大斑；褐缘白斑病的病斑穿透叶的表面，斑点较小，圆形或不规则形，周缘赤褐色，微凸，中部褐色，后转为灰褐色至灰白色；灰褐斑病和褐轮纹斑病的病斑与褐缘白斑病相比有明显的同心轮纹。以上4种叶斑病的病斑背面均生有灰黑色的霉状物，其中以煤斑病产生的霉状物较多较浓密，其他的叶斑病产生的霉状物则较少较稀。

（2）防治方法：合理密植，适当加大行距，改善田间的通风透光条件；保护地栽培要采用高畦定植，地膜覆盖，适时通风降温排湿，防止田间湿度过大；多施腐熟的有机肥，增施磷、钾肥，提高植株的抗病性；发病初期及时摘除病叶，拉秧时彻底清除残体，集中烧毁，减少病源。突出"早"字，发病初期可用1∶1∶200波尔多液，或50%多菌灵可湿性粉剂500倍液，或50%托布津可湿性粉剂500倍液，或75%百菌清可湿性粉剂600倍液，或58%甲霜灵锰锌可湿性粉剂600倍液交替喷雾，每隔5～6d喷1次，连喷3次。

19.根结线虫

（1）为害症状：主要为害各种蔬菜的根部，表现为侧根和须根较正常增多，并在幼根的须根上形成球形或圆锥形大小不等的白色根瘤，有的呈念珠状。被害株地上部生长矮小、缓慢、叶色异常，结果少，产量低，甚至造成植株提早死亡。

（2）防治方法：选用无虫土育苗，移栽时剔除带虫苗或将"根瘤"去掉；清除带虫残体，压低虫口密度，带虫根晒干后应烧毁；将表土翻至25cm以下，可减轻虫害的发生；线虫发生多的田块，改种抗（耐）虫作物如禾木科、葱、蒜、韭菜、辣椒、甘蓝、菜花等或种植水生蔬菜，可减轻线虫的发生；利用夏季高温休闲季节，起垄灌水覆地膜，密闭棚室2周。定植前可选用10%克线磷、3%米乐尔、5%益舒宝等颗粒剂，每667m²使用3～5kg均匀撒施后耕翻入土；也可用上述药剂之一，每667m²使用2～4kg在定植行两边开沟施入，或随定植穴每667m²施入1～2kg，施药后混土防止根系直接与药剂接触；定植后可用50%辛硫磷乳油1500倍液、80%敌敌畏乳剂或90%晶体敌百虫800～1000倍液灌根，每株灌药液200～250mL。

（二）主要虫害

1.蚜虫

（1）为害症状：蚜虫俗称腻虫。以成、若虫在叶背和嫩茎、嫩梢上吸食汁液，造成幼叶卷曲，同时分泌蜜露，使老叶发生煤污，严重影响光合作用，瓜苗生长缓慢，严重时叶片枯落，造成减产。另外，瓜蚜也是传播病毒病的媒介。

（2）防治方法：在温室通风口设置防虫网阻隔；可用黄板诱蚜或银灰色膜避蚜，减轻为害；初发期用50%抗蚜威或10%吡虫啉可湿性粉剂2000倍液、3%莫比朗乳油1500倍液、2.5%功夫乳油4000倍液、2.5%天王星乳油3000倍液、10%安绿宝4000倍液喷雾防治。喷洒时应注意喷头对准叶背，将药液尽可能喷到瓜蚜体上。阴雨天或低温不宜通风时，可用22%敌敌畏烟剂或10%杀瓜蚜烟剂，每667m²分别用500g，均匀分成数堆进行熏蒸。或用80%敌敌畏乳油每667m²使用300～400g掺适量锯末，点暗火熏杀。熏杀要在夜间或阴天闭棚时进行。

2.白粉虱

（1）为害症状：白粉虱的成虫和若虫群居叶片背面刺吸汁液，使叶片褪绿、变黄、下卷、萎蔫，以至于枯死。并分泌大量的蜜露，诱发煤污病，影响光合作用，或污染果实，降低商品品质。

（2）防治方法：在温室通风口设置25～40目的防虫网阻隔；利用黄板诱杀害虫；喷雾防治可用25%扑虱灵可湿性粉剂1500倍液、2.5%天王星乳油3000倍液、20%灭扫利乳油2000倍液、0.3%苦参碱水剂1500倍液、10%比虫威乳油400～600倍液、21%杀灭毙乳油3000倍液、1.8%阿维菌素2000倍液；熏烟可用22%灭蚜灵、22%敌敌畏烟剂每667m²每次0.5kg，或80%敌敌畏乳油0.3～0.4kg加锯末适量点燃（无明火）熏杀。也可释放丽蚜小蜂、中华草蛉等天敌。

3.美洲斑潜蝇

（1）为害症状：美洲斑潜蝇为近年来从国外传入我国，其寄主广泛，可为害13个科的植物，无土栽培作物中的绝大多数均可受其为害，尤其是茄科的辣椒、甜椒、番茄，十字花科的白菜、菜心、萝卜等；葫芦科的西瓜、甜瓜、苦瓜、节瓜、黄瓜、西葫芦等，以及豆科植物受害最重。幼虫在寄主叶片表皮下的叶肉细胞中取食，形成白色蛀道，为害严重时，叶肉组织几乎全部受害，甚至枯萎死亡。成虫产卵也造成伤斑。而且斑潜蝇的活动还传播多种病毒病。

（2）防治方法：美洲斑潜蝇的天敌有潜蝇茧蜂、绿姬小蜂、双雕小蜂等，利用天敌可减轻虫害；由于潜叶蝇成虫对黄色具有趋性，因此可采用黄板进行诱杀；作物收获后要深耕翻土，清洁用园，清除残株败叶和田边杂草，以压低虫源基数，减少下一代发生数量，要施用充分腐熟的粪肥，避免使用未经发酵腐熟的粪肥，特别是厩肥；在幼虫化蛹高峰期后8～10d喷洒下列药剂：0.5%甲基阿维菌素苯甲酸乳油1500倍液；1.8%爱福丁（阿维菌素）乳油800倍液；10%烟碱乳油1000倍液；75%潜克（灭蝇胺）乳油5000倍液；净叶宝Ⅰ号1500倍液。还可用48%毒死蜱乳油每667m²使用50～75mL配制成500～800倍液，或用20%氰戊菊酯乳油15～25mL配制成1500～2500倍液，或用25%喹硫磷乳油50～70mL配制成600～800倍液，进行喷雾防治。

4.茶黄螨

（1）为害症状：以成螨或幼螨聚集在黄瓜幼嫩部位及生长点周围，刺吸植物汁液，轻者叶片缓慢伸开，变厚，皱缩，叶色浓绿，严重的瓜蔓顶端叶片变小、变硬，叶背呈灰褐色。具油质状光泽，叶缘向下卷，致生长点枯死，不长新叶，其余叶色浓绿，幼茎变为黄褐色，瓜条受害变为黄褐色至灰褐色。植株扭曲变形或枯死。该虫为害状与生理病、病毒病相似，生产上要注意诊断。

（2）防治方法：要合理安排茬口，及时清除棚室周围及棚内杂草，避免人为带入虫源。前茬茄果类、瓜类收获后要及时清除残枝落叶，并且深埋或沤肥；加强虫情监测，在茶黄螨发生初期进行防治。黄瓜、甜（辣）椒首次用药时间，一般应掌握在初花期第一片叶子受害时开始用药，防治的药剂有73%克螨特乳油1500倍液或1.8%齐螨素乳油3000倍液、25%灭螨锰可湿性粉剂、10%吡虫啉可湿性粉剂1000～1500倍液、5%尼索朗乳油2000倍液、2.5%天王星乳油3000倍液、20%复方济阳霉素乳油1000倍液，隔10～14d喷1次，连续防治2～3次。采收前7d停止用药。

5.韭菜迟眼蕈蚊

（1）为害特点：受害韭菜地上部分生长细弱，叶片发黄萎蔫下垂，最后韭叶枯黄死亡。夏季气温高时，幼虫向下移动，为害韭菜鳞茎，致使整个鳞茎腐烂，严重时整墩韭菜枯死。

（2）防治措施：9月上旬至下旬在韭菜田使用糖、醋诱杀（糖：醋：水比例为1.5：1.5：7），用口径40～50cm的陶盆或瓷盆装诱杀液，离盆口30cm的正上方设置40W灯泡，每晚开灯2h；4月下旬至9月中旬，选择光线强烈的晴天，割除韭菜，覆盖厚度为0.008～0.012mm浅蓝色无滴膜，四周用土壤压严，待膜内土壤5cm深处温度40℃以上持续3h，揭开塑料膜，韭蛆的幼虫、卵、蛹、成虫均可死亡；合理轮作韭菜与韭蛆非喜食蔬菜进行轮作3年，减少虫源的积累，对韭蛆具有明显防治效果；在春季土壤解冻至韭菜萌发前或秋季韭菜扣棚前，对韭菜进行晒根，用土铲将韭菜畦表土挖开翻晒，或对韭菜进行划锄，使其在-4℃低温、晴天日照的环境条件下暴露，经过5～6d，韭蛆自然冻死、晒死、干死；利用韭菜迟眼蕈蚊的趋黄性，在成虫发生盛期将黄板悬挂于韭菜上方，对其进行诱杀，设置高度45～65cm，以每667m²悬挂20cm×25cm粘虫板60块；在成虫羽化出土前，将韭菜田加盖棚架式结构的30目防虫网，高度不低于1.5m，可设内外2层门，四周压严压紧，接好缝，以防止成虫飞入产卵；0.3%印楝素乳油400mL/667m²、1%苦参碱可溶性液剂2000mL/667m²、苏云金杆菌5～6kg/667m²、400亿孢子/g 球孢白僵菌可湿性粉剂120g/亩；2.5%溴氰菊酯1500～2000倍液，或20%杀灭菊酯乳油1000～1500倍液，或10%吡虫啉可湿性粉剂2000～2500倍液，或20%啶虫脒可湿性粉剂3000～4000倍液喷杀。

6.瓜蓟马

（1）为害症状：蓟马的成虫、若虫都能锉吸植株汁液。黄瓜被害后，心叶不能正常展开，嫩芽、嫩叶皱缩或卷曲、叶脉严重弯曲、组织变硬而脆，出现丛生现象，甚至干枯无顶芽，植株生长缓慢，节间缩短。幼瓜受害，果实硬化、畸形、茸毛变灰褐或黑褐色，生长缓慢，果皮粗糙有斑痕，布满"锈皮"，严重时造成落果。蓟马为害的同时还能传播病毒病。

（2）防治方法：早春清除田间杂草和残株落叶，集中处理，压低越冬虫口密度。平时勤浇水、除草，可减轻为害；防治蓟马可喷洒0.3%苦参碱水剂1000倍液，或80%敌敌畏乳油1500倍液，或50%辛硫磷乳油1500倍液，或21%灭杀毙乳油1500倍液，或

20%复方浏阳霉素乳油1000倍液。也可用20%好年冬800～1000倍液，或10%吡虫啉1500～2000倍液，或2.5%菜喜1000～1500倍液，或2.5%溴氰菊酯2000～3000倍液等交替防治。7～10d喷1次，连喷4～5次，在收获前1周停用。喷药时注意喷心叶及叶背等处。

7.黄守瓜

（1）为害特点：黄守瓜食性广泛，可为害19科69种植物。几乎为害各种瓜类，受害最烈的是西瓜、南瓜、甜瓜、黄瓜等，也为害十字花科、茄科，豆科、向日葵、柑橘、桃、梨、苹果和桑树等。成虫取食瓜苗的叶和嫩茎，常常引起死苗，也为害花及幼瓜。幼虫在土中咬食瓜根，导致瓜苗整株枯死，还可蛀入接近地表的瓜内为害。防治不及时，可造成减产。

（2）防治方法：保护地可用防虫网阻隔；采用覆盖地膜或在瓜苗根际撒草木灰、锯末、麦糠等防止成虫产卵。成虫用40%氰戊菊酯4000倍液或2.5%高效氟氯氢菊酯乳油2000倍液喷雾防治；幼虫可用90%晶体敌百虫或2.5%鱼藤酮乳油1000倍液、4.5%高效氯氰菊酯乳油2000倍液灌根防治。

8.菜粉蝶

（1）为害特点：在国内各省均有发生，尤以北方发生最重，是大白菜、花椰菜、甘蓝、萝卜等十字花科蔬菜上的重要害虫，常年暴发成灾，造成严重的经济损失。主要以幼虫为害蔬菜叶片，幼虫2龄前仅啃食叶肉，留下一层透明表皮，3龄后蚕食叶片，形成孔洞或缺刻，严重时叶片全部被吃光，只残留粗叶脉和叶柄，造成绝产。由于菜青虫为害造成伤口，易引起十字花科蔬菜软腐病的流行。

（2）防治方法：合理布局，尽量避免十字花科蔬菜周年连作。在一定时间、空间内，切断其食物源。早春可通过覆盖地膜，提早春甘蓝的定植期，避过第二代菜青虫的为害；十字花科蔬菜收获后，及时清除田间残株，消灭田间残留的幼虫和蛹，压低发生基数；由于菜青虫抗药性产生快，药剂防治难度越来越大，利用棚室的骨架，在棚膜下设置10～15目防虫网，完全阻隔菜粉蝶迁入，可以不使用化学杀虫剂，即可有效控制菜青虫的为害；防治菜青虫的药剂可选用1.7%阿维·高氯氟氰可溶性液剂2000～3000倍液，或15%阿维·毒乳油1000～2000倍液，或2%阿维·苏云菌可湿性粉剂2000～3000倍液，或高效 Bt 可湿性粉剂750～1000倍液，或20%灭幼脲1号悬浮剂1000倍液，或25%灭幼脲3号悬浮剂1000倍液喷雾。喷雾防治时要注意抓住防治适期，在田间卵盛期，幼虫孵化初期喷药，于早上或傍晚在植株叶片背面、正面均匀喷药，可有效防治菜青虫的为害。

9.小菜蛾

（1）为害特点：食性较专一，主要为害甘蓝、紫甘蓝、青花菜、芥菜、花椰菜、白菜、油菜、萝卜等蔬菜，是典型的十字花科蔬菜害虫。初龄幼虫仅取食叶肉，留下表皮，在菜叶上形成一个个透明的斑，即"开天窗"，3～4龄幼虫可将菜叶啃食成孔洞和缺刻，严重时全叶被吃成网状。在苗期常集中心叶为害，影响包心。在留种株上，为害嫩茎、幼荚和籽粒。

（2）防治方法：合理轮作，尽量避免大范围内十字花科蔬菜周年连作，以免虫源周而复始，与莴苣、马铃薯等非喜食作物轮作，或与番茄间作，可抑制小菜蛾的发生；利用小菜蛾成虫的趋光性，在成虫发生期的晚间在田间设置黑光灯诱杀成虫，一般每10×667m²设置1盏黑光灯，可诱杀大量小菜蛾成虫，减少虫源；利用人工合成的昆虫性激素诱杀小菜蛾，每667m²放置10～15个诱芯，并且7～10d更换1次；防治小菜蛾的药剂有25%灭幼脲3号胶悬液1000倍液＋25%杀虫双水剂500倍液，或25%氟啶脲乳油2000倍液+25%杀虫双水剂500倍液或40%菊杀乳油2000~3000倍液喷雾防治，或用0.3%苦参碱500倍液，或Bt乳剂600倍液、甘蓝夜蛾核型多角体病毒600倍液喷雾防治。

10.瓜实蝇

（1）为害特点：该蝇属于双翅目实蝇科的害虫。为害苦瓜、节瓜、南瓜、黄瓜、丝瓜、笋瓜等。主要以幼虫为害，首先成虫以产卵管刺入幼瓜表皮内产卵，幼虫孵化后钻进瓜肉取食，受害瓜先局部变黄，而后全瓜腐烂变臭，大量落瓜。即使瓜不腐烂时，刺伤处凝结着流胶，畸形下陷，果皮硬化，瓜味苦涩品质下降。

（2）防治方法：在成虫盛发期用毒饵诱杀成虫，幼瓜套纸袋保护，以防成虫产卵。摘除被害瓜销毁。可用50%敌敌畏乳油1000倍液、10%顺式氯氰菊酯乳油2500倍液、2.5%溴氰菊酯3000倍液喷洒植株，隔3～5d喷1次，连喷2～3次。

11.瓜绢螟

（1）为害特点：瓜绢螟又叫瓜螟、瓜野螟，属于鳞翅目螟蛾科害虫。为害苦瓜、节瓜、甜瓜、黄瓜、冬瓜、丝瓜、西瓜等，幼虫初期在叶背啃食叶肉，呈灰白斑。3龄后吐丝将叶或嫩梢缀合，匿居其中取食，使叶片穿孔或缺刻。严重为害时，只留叶脉。幼虫常蛀入瓜内，取食瓜肉，影响产量及品质。

（2）防治方法：清洁田园残株败叶，消灭越冬蛹减少虫源；保护地可用防虫网防治，并兼防黄守瓜；在幼虫期可用20%氰戊菊酯乳油2000倍液，或5%氯氰菊酯乳油1000倍液，或1%阿维菌素乳油2000倍液喷洒植株防治。

12.地老虎

（1）为害特点：地老虎是多食性害虫，寄主多，分布广，主要在各类农作物，如豆科、十字花科 、茄科、百合科、葫芦科、菠菜、莴苣、茴香等多种蔬菜以及花生、烟草、麻类、芦笋等106 种作物的苗期为害。地老虎低龄幼虫在植物的地上部为害，取食子叶、嫩叶，造成孔洞或缺刻。中老龄幼虫白天躲在浅土穴中，晚上出洞取食植物近土面的嫩茎，使植株枯死，造成缺苗断垄，甚至毁苗重播，直接影响生产。此外，幼虫还可钻蛀为害茄子、辣椒果实以及大白菜、甘蓝的叶球，并排出粪便，引起产品腐烂，从而影响商品质量。

（2）防治方法：早春消除田间四周杂草，减少地老虎产卵场所，杀死虫卵和初孵幼虫，每天清晨查苗，发现断苗后，便扒开表土捕虫杀之，连续进行5～6d；用糖6份、醋3份、白酒1份、水10份、90%敌百虫1份调匀，或用泡菜水加适量农药，在成虫发生期设置，均有诱杀效果，也可用某些发酵变酸的食物，如甘薯、烂水果等加入适量药剂，诱杀成虫；地老虎1～3龄幼虫抗药性差，且暴露在寄主植物或地面上，是药剂防治的适期，可选用快杀特、多虫净等农药进行防治。

表5-4　新型杀菌、杀虫剂防治黄瓜主要病害

病害名称	药剂	用量/（g/667m²）	备注
霜霉病	18%烯酰吗啉·甲霜灵可湿粉	100～200	发病初喷雾，7～10d喷1次，共3次
	25%嘧菌酯悬浮剂	32～48	
	30%烯酰吗啉·嘧菌酯水分散粒剂	50～70	
	80%烯酰吗啉水分散粒剂	18.75～25	
炭疽病	70%丙森锌·甲基硫菌灵可湿粉	50～100	发病初喷雾，7～10d喷1次，共3次
	50%咪鲜胺锰盐可湿粉	40～70	
	75%肟菌·戊唑醇水分散剂	10～15	
	60%唑醚·代森锰锌水分散粒剂	48～80	
细菌性角斑病	5%春雷霉素AS	55～75mL	初期5～7d喷1次，共3～4次
	46.1%氢氧化铜水分散粒剂	40～60	
白粉病	50%嘧菌酯水分散粒剂	16～22	发病初喷雾，7～10d喷1次，共3次
	50%醚菌酯水分散粒剂	16～22	
	250g/L己唑醇悬浮剂	22～38g/hm²	
	250g/L嘧菌酯悬浮剂	50～90	
根结线虫	0.5%阿维菌素乳油	3000～3500	栽前沟穴施、拌土撒施。
	5%硫线磷颗粒	8000～12000	
	35%威百亩水剂	4000～6000	

表5-5　新型杀菌、杀虫剂防治番茄主要病害

病害名称	药剂	用量/（g/667m²）	备注
叶霉病	10%氟硅唑水乳剂	30～50	初期全株喷药，用2～3次
	47%春雷·王铜可湿粉	93.8～124.5	
	15%抑霉唑烟剂	222.2～333.3	7d1次，用3次
灰霉病	40%嘧霉胺·多菌灵可湿粉	87.5～112.5	喷雾7～10d1次，用2～3次
	400克/升腐霉胺悬浮剂	62.5～93.75	

表5-5（续）

病害名称	药剂	用量/（g/667m²）	备注
早疫病	46.1%氢氧化铜水分散粒剂	22.5～30	7d1次，用2～3次
	52.5%噁酮·霜脲氰水分散粒剂	20～40	
	40%百菌清悬浮剂	125～175	
	30%嘧菌酯悬浮剂	40～60	
晚疫病	52.5%噁酮·霜脲氰水分散粒剂	20～40	7d1次，用2～3次
	440g/L精甲·百菌清悬浮剂	75～120	
	60%唑醚·代森联水分散粒剂	40～60	
	687.5g/L氟菌·霜霉威悬浮剂	60～75	
病毒病	60%盐酸吗啉胍·乙酸铜可溶片	56～83.3	7d1次，用2～3次
	1%香菇多糖水剂	150～250	
	0.5%香菇多糖水剂	166～250	

表5-6　新型杀菌、杀虫剂防治辣椒主要病害

病害名称	药剂	用量/（g/667m²）	备注
炭疽病	30%苯醚甲环唑·醚菌酯悬浮剂	20～30	7d4次，用2～3次
	二丙酮胺可湿粉	1000倍液	
	45%咪鲜胺EC	14.8～29.6	
	250g/L嘧菌酯悬浮剂	32～48	
	10%苯醚甲环唑水分散粒剂	75～125	
疫病	50%烯酰吗啉可湿粉	40～50	7～10d1次，用2～3次
	440g/L精甲·百菌清悬浮剂	75～120	
	60%唑醚·代森联水分散粒剂	40～100	

表5-7　新型杀虫剂防治常见害虫

害虫名称	药剂	用量/（g/667m²）	备注
菜青虫	5%高效氯氟氰菊酯水乳剂	20～32	初期用药。
	10%醚菌酯悬悬浮剂	30～40	
	20%甲氰菊酯微乳剂	30～40	
	2.5%高效氯氰菊酯微乳剂	30～40	
蚜虫	36%阿维菌素·吡蚜酮水分散粒剂	5～10	盛发期喷。
	40%啶虫脒可湿粉	3～3.75	
	50%抗蚜威可湿粉	10～18	
	10%阿维菌素·烯啶虫胺水分散粒剂	7～14	
	15%高效氯氟氰菊酯·吡虫啉可湿粉	12.5～17.5	
	15%高效氯氟氰菊酯·啶虫脒水分散粒剂	8～12	
甜菜夜蛾	1%甲氨基阿维菌素苯甲酸盐微乳剂	15～25	初期喷雾，7～10d1次，用2～3次
	3.5%阿维·高氯氟微乳剂	15～25	
	3.2%高氯·甲维盐微乳剂	25～30	
	2.7%高效氯氟氰菊酯微乳剂	37～60	
	5%甲维盐·氯氰微乳剂	30～45	

第六章　有机生态型无土栽培技术

20世纪90年代以来，我国设施蔬菜发展迅猛，已成为北方地区农民增收致富和乡村振兴的支柱产业，但随着设施使用年限的延长，土壤连作障碍、顽固性病虫害等日趋严重，影响设施蔬菜产量、品质和效益，为了维持设施蔬菜一定的产量水平，国内普遍采用的措施是不断增加化肥用量和不加节制地大量使用农药，从而造成生产成本不断上升，而蔬菜产量和品质不断下降的恶性循环。而采用无土栽培技术则是克服设施蔬菜连作障碍最有效、最经济、最彻底的办法。随着我国工业化进程的不断深入，每年占用耕地达千万亩之巨，粮菜争地和工业用地矛盾不断加剧。利用大量的荒滩、荒沟、沙荒地、废弃矿区，采用无土栽培技术则可以在这些传统农业无法耕作的地区和中低产地区、盐碱地区等进行蔬菜生产，从而可以减轻粮菜争地矛盾。采用无土栽培技术可节水50%～70%，同时减少化肥、农药的使用，在减轻环境污染、减少生产成本的同时，可以提高蔬菜的产量和品质。

采用引进国外无土栽培的先进技术，因其建设投资和运行成本极其昂贵，今后相当长一段时间还不可能在我国农村大面积推广。近年来，中国农科院蔬菜花卉研究所的科研人员，率先研究成功了有机生态型无土栽培技术，它具有一般无土栽培的特点，如提高作物的产量与品质、减少农药用量、产品洁净卫生、节水节肥省工、利用非耕地生产蔬菜等，为解决设施蔬菜连作障碍找到了一条十分有效的途径。

第一节　无土栽培简介

无土栽培就是不用天然土壤栽培植物的方法。国际无土栽培学会为无土栽培下的定义为凡是用除天然土壤之外的基质为作物提供水分、养分、氧气的栽培方式均可称为无土栽培。

一、无土栽培的应用

无土栽培摆脱了土壤栽培的限制，使它有了广阔的发展前景。无土栽培应用范围广泛，主要应用于以下方面：

（1）用于蔬菜栽培。可以培养无污染的绿色食品，健康安全，深受人们的重视。

（2）用于花卉栽培。无论是切花或是盆花都适合无土栽培，无土栽培的花卉不仅花头大，而且颜色鲜艳。

（3）用于栽培药用植物。许多药用植物都是根用植物，根的生长环境十分关键，无土栽培可为药用植物提供良好的生长环境，因而种植效果十分明显。

（4）用于果木栽培。无土栽培培育的果树砧木幼苗生长快、成活率高；扦插快繁的果树生根快、成苗率高。

（5）用于无土育苗。无土栽培的幼苗生长迅速、苗龄短、根系发育好、健壮整齐，定植后缓苗时间短、易成活。还可避免土壤育苗带来的土传病害和虫害，同时还便于科学、规范管理。

此外，在没有土地的城市楼顶阳台上，可发展无土栽培种植蔬菜和花卉，以调节生活、美化环境，在荒岛、沙滩和不适宜种植的沙、石、盐碱地的地方，可大面积发展无土栽培蔬菜，解决或缓解食品供应的问题。

二、无土栽培的分类

国际上通常将无土栽培分为2类：一是营养液栽培，也称水培；二是有机无土栽培。水培指不管是否使用基质，但都使用水和化学肥料配制的营养液的无土栽培方式。有机无土栽培指不使用营养液，而使用洁净的有基质如草炭、有机堆肥、有机浸提物的无土栽培方式。按照我国无土栽培的现状，学者将无土栽培分为两大类：一是营养液栽培；二是固体基质栽培。

1.无基质栽培

无基质栽培指栽培作物没有固定根系的基质，根系直接与营养液接触。一般分水培和雾培2种。

（1）水培：指不借助基质固定根系，使植物根系直接与营养液接触的栽培方法。主要包括深液流水培、营养液膜栽培、浮板毛管栽培。

深液流栽培技术：营养液层较深，根系伸展在较深的液层中，每株占有的液量较多，因此营养液浓度、溶解氧、酸碱度、温度以及水分存量都不易发生急剧变动，为根系提供了一个较稳定的生长环境。

营养液膜技术：是一种将植物种植在浅层流动的营养液中的水培方法。该技术因液层浅，作物根系一部分浸在浅层流动的营养液中，另一部分则暴露于种植槽内的湿气中，可较好地解决根系需氧问题，但由于液量少，易受环境温度影响，要求精细管理。

浮板毛管栽培技术：采用栽培床内设浮板湿毡的分根技术，为培养湿气根创造丰氧环境，解决水气矛盾；采用较长的水平栽培床贮存大量的营养液，有效地克服了营养液膜栽培技术的缺点，作物根际环境条件稳定，液温变化小，不怕因临时停电而影响营养液的供给。

（2）雾培：又称气培或气雾培，是利用过滤处理后的营养液在压力作用下通过雾化喷雾装置，将营养液雾化为细小液滴，直接喷射到植物根系以提供植物生长所需的水分和养分的一种无土栽培技术。气雾培是所有无土栽培技术中根系的水气矛盾解决得最好的一种形式，能使作物产量成倍增长，也易于自动化控制和进行立体栽培，提高温室空间的利用率。但它对装置的要求极高，大大限制了它的推广利用。

2.基质栽培

基质培养的特点是栽培作物的根系有基质固定。它是将作物的根系固定在有机或无机的基质中，有机的基质有泥炭、稻壳、树皮等，无机的如蛭石、珍珠岩、岩棉、陶粒、沙砾、海绵土等都可作为支持介质，通过滴灌或细流灌溉的方法，供给作物营养液。基质栽培在大多数情况下，水、肥、气三者协调，供应充分，设备投资较低，便于就地取材，生产性能优良而稳定；缺点是基质体积较大，填充、消毒及重复利用时的残根处理，费时费工，困难较大。依据基质种类的不同，又可将其分为以下3类：

（1）有机基质栽培。指用草炭、锯末、树皮、刨花、作物秸秆、菇渣、中药渣等腐熟有机物作基质的无土栽培方式。

（2）无机基质栽培。指用岩棉、蛭石、珍珠岩、砾石、沙粒、陶粒等无机物作基质的无土栽培方式。

（3）复合基质栽培。指将有机、无机基质按适当比例混合形成复合基质，用来栽培蔬菜的形式。复合基质可改变单一基质的理化性质，所以能增进栽培效果。复合基质可就地取材，基质配方灵活性较大，因而成本较低。它是我国应用最广泛、成本最低的无土栽培方式，本章要讲的有机生态型无土栽培就属此类。

三、无土栽培营养液的配制

无土栽培的核心是用营养液代替土壤提供植物生长所需的矿物营养元素，因此在无土栽培技术中，能否为植物提供一种比例协调，浓度适量的营养液，是栽培成功的关键。营养液作为无土栽培中植物根系营养的唯一来源，其中应包含作物生长必需的所有矿物营养元素，即氮（N）、磷（P）、钾（K）、钙（Ca）、镁（Mg）、硫（S）等大量元素和铁（Fe）、锰（Mn）、硼（B）、锌（Zn）、铜（Cu）、钼（Mo）等微量元素。不同的作物和品种，同一作物不同的生育阶段，对各种营养元素的实际需要有很大的差异。所以，在选配营养液时要先了解不同品种、各个生育阶段对各类必需元素的需要量，并以此为依据来确定营养液的组成成分和比例。一方面要根据作物对各种营养元素的实际需要，另一方面还要考虑作物的吸肥特性。

（1）霍格兰氏水培营养液：霍格兰氏水培营养液是1933年Hoagland与他的研究伙伴经过大量的对比试验后发表的，这是最原始但依然还在沿用的一种经典配方。

（2）斯泰纳营养液：斯泰纳营养液通过营养元素之间的化学平衡性来最终确定配方中各种营养元素的比例和浓度，在国际上使用较多，适合于一般作物的无土栽培。

（3）日本园试通用营养液：日本园试通用营养液由日本兴津园艺试验场开发提出，适用于多种蔬菜作物，故称之为通用配方。

（4）日本山崎营养液：日本山崎营养液配方为1966～1976年间山崎肯哉在测定各种蔬菜作物的营养元素吸收浓度的基础上配成的适合多种不同作物的营养液配方。

四、无土栽培的优点

1.解决了土壤连作障碍问题

在蔬菜的田间种植管理中，土地合理轮作、避免连年重茬是防止病害严重发生和蔓延的重要措施之一。而无土栽培特别是采用水培，则可以从根本上解决这一问题。

2.清洁卫生无污染

土壤栽培施有机肥，肥料分解发酵，产生臭味污染环境，还会使很多害虫的卵滋生，危害作物，而无土栽培施用的是无机肥料，不存在这些问题，并可避免受污染土壤中的重金属等有害物质的污染。比土壤栽培蔬菜的商品品质、风味品质和营养品质都高。

3.省工省力、易于管理

无土栽培不需要中耕、翻地、锄草等作业，省力省工。浇水追肥同时解决，并由供液系统定时定量供给，管理方便，不会造成浪费，大大减轻了劳动强度。

4.节水、省肥、高产

无土栽培中作物所需各种营养元素是人为配制成营养液施用的，水分损失少，营养成分保持平衡，吸收效率高，并且是根据作物种类以及同一作物的不同生育阶段，科学地供应养分。因此作物生长发育健壮，生长势强，可充分发挥出增产潜力。据调查可节肥40%左右，节水50%以上，浇水、施肥用工特少，病虫防治省工50%以上，增产30%以上。

5.能充分利用土地资源

不但能在土地上种植蔬菜，而且能在不毛之地上种植蔬菜。还能在家庭阳台、楼顶、甚至在轮船上也能种植蔬菜。打破了只能依靠土地种菜的历史，为蔬菜生产开辟了更为广阔的领域。

6.有利于实现农业现代化

无土栽培使农业生产摆脱了自然环境的制约，可以按照人的意志进行生产，所以是一种受控农业的生产方式。较大程度地按数量化指标进行耕作，有利于实现机械化、自动化，从而逐步走向工业化的生产方式。利于发展高档、出口蔬菜产品，促进外向型农业的发展。

五、无土栽培的缺点

（1）一次性投资较大。

（2）虽然无土栽培可以避免一些作物连作的问题，但是却会造成一些病害传播加快，病菌为害增多。

（3）营养液的配制和供应系统较为复杂。

（4）环境的调控需要较高的技术水平。

六、有机生态型无土栽培技术

有机生态型无土栽培技术是指不用天然土壤，而使用基质，不用传统的营养液灌溉植物根系，而使用有机固态肥并直接用清水灌溉作物的一种无土栽培技术。

1.有机生态型无土栽培特点

（1）用有机固态肥取代传统的营养液。传统无土栽培是以各种无机化肥配制成一定浓度的营养液，以供作物吸收利用。有机生态型无土栽培则是以各种有机肥或无机肥的固体形态直接混施于基质中，作为供应栽培作物所需营养的基础，在作物的整个生长期中，可隔几天分若干次将固态肥直接追施于基质表面上，以保持养分的供应强度。

（2）操作管理简单。传统无土栽培的营养液，它需维持各种营养元素的一定浓度及各种元素间的平衡，尤其是要注意微量元素的有效性。有机生态型无土栽培因采用基质栽培及施用有机肥，不仅各种营养元素齐全，其中微量元素更是供应有余，因此在管理上主要着重考虑氮、磷、钾三要素的供应总量及其平衡状况，大大地简化了操作管理过程。

（3）大幅度降低无土栽培设施系统的一次性投资。由于有机生态型无土栽培不使用营养液，从而可全部取消配制营养液所需的设备、测试系统、定时器、循环泵等设施。

（4）大量节省生产费用。有机生态型无土栽培主要施用消毒有机肥，与使用营养液相比，其肥料成本降低60%～80%，从而大大节省无土栽培的生产成本。

（5）对环境无污染。在无土栽培的条件下，灌溉过程中20%左右的水或营养液排到系统外是正常现象，但排出液中盐浓度过高，则会污染环境。有机生态型无土栽培系统排出液中硝酸盐的含量只有1～4mg/L，对环境无污染，而岩棉栽培系统排出液中硝酸盐的含量高达212mg/L，对地下水有严重污染。由此可见，应用有机生态型无土栽培方法生产蔬菜，不但产品洁净卫生，而且对环境也无污染。

（6）产品质优可达绿色食品标准。从栽培基质到所施用的肥料，均以有机物质为主，所用有机肥经过一定加工处理（如利用高温和嫌氧发酵等）后，在其分解释放养分过程中，不会出现过多的有害无机盐，使用的少量无机化肥，不包括硝态氮肥，在栽培过程中也没有其他有害化学物质的污染，从而可使产品达到"A级"或"AA级"绿色食品标准。

有机生态型无土栽培具有投资省、成本低、用工少、易操作和产品高产优质的显著特点。它把有机农业导入无土栽培，是一种有机与无机农业相结合的高效益低成本的简易无土栽培技术，自从该技术推出以来，深受广大生产者的青睐。已在北京、陕西、山西、山东、河南、辽宁、新疆、甘肃、广东、海南等地获得了较大面积的应用，起到了良好的示范作用，获得了较好的经济和社会效益。

2.有机生态型无土栽培设施系统构造

采用基质槽培的形式。在无标准规格的成品槽供应时，可选用当地易得的材料建槽，如用木板、木条、竹竿甚至砖块，实际只建没有底的槽的边框，所以无须特别牢固，只要能保持基质不散落到走道上就行。槽框建好后，在槽的底部铺一层0.1mm厚的聚乙烯塑料薄膜，以防止土壤病虫传染。槽边框高15～20cm，槽宽依不同栽培作物而定，如黄瓜、甜瓜等蔓茎作物或植株高大需有支架的番茄等作物的栽培槽标准宽度定为48cm，可供栽培2行作物，栽培槽距0.6～1m。如生菜、油菜、草莓等植株较为矮小的作物，栽培槽宽度可定为72～96cm，栽培槽距0.5～0.8m，槽长应依保护地棚室建筑状况而定，一般为8～40m。在有自来水基础设施或水位差1m以上贮水池的条件下，以单个棚室建成独立的供水系统。栽培槽宽48cm，可铺设1～2根滴灌带；栽培槽宽在72～96cm，可铺设2～4根滴灌带。

3.有机生态型无土栽培营养管理

有机生态型无土栽培的肥料供应量以N、P、K三要素为主要指标，每立方米基质所施用的肥料内应含有全氮（N）为1.5～2.0kg，全磷（P_2O_5）为0.5～0.8kg，全钾（K_2O）为0.8～2.4kg。这一供肥水平，足够一茬番茄8000～10000kg/667m^2的养分需要量。为了在作物整个生育期内均处于最佳供肥状态，通常依作物种类及所施肥料的不同，将肥料分期施用。向栽培槽内填入基质之前或在前茬作物收获后，在后茬作物定植之前，应先在基质中混入一定量的肥料作基肥，这样番茄、黄瓜等果菜在定植后20d内不必追肥，只需浇清水，20d后每隔10～15d追肥1次，均匀地撒在离根5cm以外的周围。基肥与追肥的比例为25∶75至60∶40，每次每立方米基质追肥量为：全氮（N）80～150g，全磷（P_2O_5）30～50g，全钾（K_2O）50～180g。追肥次数以所种作物生长期的长短而定。

4.有机生态型无土栽培应用前景

有机生态型无土栽培技术突破了无土栽培必须使用营养液的传统观念，而以固态肥代替营养液，从而不但大大降低了无土栽培的一次性投资成本、运转成本，而且大大简化了无土栽培的操作管理规程，使无土栽培技术在广大农民心目中由深不可测变得简单易学，有机生态型无土栽培系统与深液流栽培系统（DFT）、营养液膜栽培系统（NFT）等水培系统相比，一次性投资节省60%；与袋培、岩棉培系统相比，一次性投资节省40%；与槽培系统相比，一次性投资节省20%。与传统的营养液无土栽培相比，每年的肥料成本节省60%（每667m^2每年可节省1500～2000元），充分利用农产废弃物（如：玉米秆、向日葵秆、蘑菇渣等）作为基质的来源，混合基质的成本较岩棉降低50%，并且系统排出液对环境无污染，可达"绿色食品"的施肥标准。由于大量施用有机肥，产品品质也大大提高。

有机生态型无土栽培作为一种广大农民学而能会、会而能用、用而能挣钱的实用致富新技术，为无土栽培在我国的发展推广开辟了一条全新的途径。有机生态型无土栽培已在山西、辽宁、广东等地获得了较大面积的推广，在陕西、河南、河北、山东、甘肃、北京等地也有小面积的示范试验，从各地反馈的信息都证明，有机生态型无土栽培具有简单、实用、有效的特点，发展前景广阔。

第二节　日光温室蔬菜有机生态无土栽培技术规程

一、设施建造

1.栽培槽设置

栽培槽在温室或大棚内南北设置，半地下室，地面下挖20～25cm，槽宽48cm，槽间距85cm，北高南低，坡降为0.5%，长度依温室跨度或大棚长度而定。土槽挖成后，在槽的底部及四周铺一层0.1mm厚的塑料薄膜隔离土壤，槽框选用标准红砖沿四边铺一层压膜，然后槽底部放粗基质，其上再铺一层塑料编织袋，填上混合细基质。走道可用红砖、编织袋、塑料膜、沙子等铺设。

2.基质配料及发酵

经试验，我们采用的配方为：双孢菇菇渣：干净河沙＝4：1；平菇菇渣：干净河沙＝3：1；腐熟玉米秸秆：干净河沙＝3：1等。每1m³混合料中加入消毒干鸡粪15～20kg，三元复合肥0.5～1kg。

也可按照秸秆：菇渣：炉渣＝3：4：3或用麦衣（麦秸）：玉米秆：河沙＝3：3：4的比例配制。将以上材料分别粉碎（小于3cm），每1m³基质加过磷酸钙2.5～3kg，充分拌匀后发酵。基质发酵时，最底层要覆上薄膜与土壤隔离，堆高1.5m，含水量要达到70%～80%，上盖棚膜堆闷发酵45～60d，直到充分腐熟为止。在发酵过程中，要每1周翻料1次，并根据情况适量补充水分。基质的原材料应注意消毒。粗基质用作贮（排）水，最好选用过筛的粗炉渣，粒径达到1～3mm，与腐熟的秸秆混合，同时，混合基质中还要加入一定量的添加肥，经消毒处理后，准备装槽。

3.滴灌设施的选择

灌溉软管可选用北京双翼薄壁软管微灌系统，供水水源可用水塔供水或用小水泵直接给滴灌管道供水，也可在温室内另建水位差1.5～2.0m以上的贮水池1个，建独立的灌水系统。

4.养分供给

以固态缓效肥代替营养液，追肥分期施用，最好选用有机生态无土栽培专用肥。

二、无土育苗

1.品种选择

选用优质、抗病、丰产、耐贮运、商品性好、适合市场需求的蔬菜品种。

2.育苗

有机生态无土栽培育苗方式与日光温室有土栽培育苗方式基本相同。所不同的是用育苗基质代替自然土壤。

三、定植及田间管理

1.定植前准备

定植前栽培槽、滴灌系统等提前安装备用，栽培基质按比例均匀混合，提前1个月或半个月将充分腐熟后的基质填入栽培槽中，用水浇透，使基质含水量超过80%，盖上地膜。整理温室，并用1%的高锰酸钾喷施架材，密封温室进行高温消毒，定植期提前2d打开温室，撤去地膜，按每1m³使用10～15kg的用量将专用肥均匀洒施在基质表面，并用铁锹等工具将基质和肥料混匀，再次将基质浇透水备用。

2.定植

播种后根据作物的不同来确定定植时间，一般在25～50d定植，采用双行错位定植法定植，株距依作物而定。并保持植株基部距栽培槽内径10cm左右，深至第1片真叶节位。定植后立即浇灌定植水。

3.定植后管理

（1）水分管理　水分管理是有机生态型无土栽培能否获得高产的关键技术之一，但带有一定的经验性，要视植株状况、基质的温湿度、天气、季节及气候的变化灵活掌握。一般定植后3～5d开始浇水，每3～5d浇1次，每次10～15min，在晴天上午浇水，阴天不浇水，开花坐果后每1～2d浇1次，每次10～15min，3d检查1次水分情况，始终保持基质表面炉渣呈黑色，不能发白，且槽中不能积水。

（2）养分管理　根据基质内养分变化情况，为保证植株在整个生育期内处于最佳供肥环境，养分供应采用少量多次，分期施用的办法。定植后20d开始追肥，用量为每株12g，此后每隔10d追1次；进入秋冬季，植株开始缓慢生长时，可调整为15d追1次；春季环境条件改善后，恢复10d追1次；拉秧前1个月停止追肥（进入结果盛期，每株可增加到25g）。

（3）植株调整　与有土栽培方法相同。

（4）温度调节　根据不同作物生长发育特点，通过揭盖草帘、放风来进行温度调节。定植后温度白天应保持在20～30℃，夜间应保持在12～15℃，基质的温度应保持在15～20℃，防幼苗徒长。坐果后白天保持在25～30℃，夜间保持在12～15℃。

（5）光照调节　大多数蔬菜作物都是喜光作物，要求有较高的光照条件，正常生长发育要求3万～3.5万lx的光照，对温室的透光率要求60%以上。应通过揭开草帘延长光照时间，进入盛果期应张挂反光幕以增加光照。

（6）湿度调节　为防止湿度过大，秋冬季节通过采取减少浇水次数、换气等综合措施来减少温室内空气湿度；栽培槽间过道铺设薄膜。

四、病虫害防治

温室瓜菜虫害主要有白粉虱、美洲斑潜蝇、棉铃虫、蚜虫、红蜘蛛等；病害主要有立枯病、猝倒病、枯萎病、早疫病、晚疫病、溃疡病、黄萎病、霜霉病、灰霉病、病毒病、叶霉病、疫病、炭疽病等。应参照宝鸡市无公害蔬菜技术规程，选用抗病品种、防虫网隔离、引诱物诱杀、银灰膜避蚜、环境调控、生态措施、硫黄熏蒸等手段，辅之以生物农药和高效、低毒、低残留农药来进行综合防治。

第三节　日光温室黄瓜有机生态型无土栽培技术

一、栽培设施

（一）栽培槽

（1）技术指标：栽培槽深20cm，宽48cm（内径），间距85cm，坡降为0.5%，隔离土壤的薄膜厚0.1mm，宽120cm，长度依栽培槽的长度而定，用砖等材料制作栽培槽。

（2）说明：槽内隔离膜可选用普通聚乙烯棚膜，槽间走道可用红砖、编织布、塑料膜、沙子等与土壤隔离，保持栽培系统清洁。

（二）栽培基质

（1）技术指标：栽培基质有机质占40%～50%，容重0.35～0.45g/cm^3，最大持水量240%～320%，总孔隙度85%，C：N为30：1，pH值为5.8～6.4，总养分含量3～5kg/m^3，基质厚度15cm，底部粗基质粗径1～2cm，厚度5cm。

（2）参考配比：双孢菇菇渣：干净河沙＝4：1；平菇菇渣：干净河沙＝3：1；腐熟玉米秸秆：干净河沙＝3：1等。每1m^{3}混合料中加入消毒干鸡粪15～20kg，三元复合肥0.5～1kg。

（3）说明：基质的选材广泛，可因地制宜，就地取材，选择价格低廉的原材料，原材料应注意消毒。粗基质主要作贮水排水，可选用粗炉渣、石砾等，应用透水编织布与栽培基质隔离。栽培基质用量为30m^3/667m^2。

（三）供水系统

（1）技术指标：水源水头压力为1～3m水柱，滴灌管每米流量12～22L/h，每孔10min供水量为400～600mL，出水方式为双上微喷，也可用其他滴灌形式。

（2）参考产品：双翼薄壁软管微灌系统。

（3）说明：供水水源可采用合适压力的自来水或高1.5m的温室水箱，也可选用功率为1100W、出水口直径为50mm的水泵。

（四）养分供给

以固态缓效肥代替营养液，固态肥按N：P$_2$O$_5$：K$_2$O＝1：0.25：1.14的比例配制；基肥均匀混入基质，占总用肥量的37.5%，追肥分期施用。可用有机生态型无土栽培专用肥。

二、育苗

（一）品种

应选用无限生长类型，并具耐低温、弱光及抗病等特点。如津优36、津优35以及京研迷你、碧玉2号、吉瑞F1水果黄瓜等品种。

（二）育苗

1.技术要求

育苗环境良好，经消毒、杀虫处理，并与外界隔离；育苗方法采用穴盘进行无土育苗，种子应经消毒处理。从9月下旬至10月上旬开始育苗，苗龄控制在30～35d。成苗3叶1心。

2.操作方法

（1）育苗基质配制 用草炭和蛭石各50%配制育苗基质，并按每1m³基质5kg消毒干鸡粪十0.5kg专用肥将肥料均匀混入，装入穴盘备用。

（2）浸种催芽 种子采用55℃热水浸泡10min后，取出流水沥干，放入1%的高锰酸钾溶液中浸泡10～15min，用清水洗净，并浸泡6h。然后置于28～30℃的条件下催芽，催芽期间注意保湿及每天清洗种子。

（3）播种 将装有基质的穴盘浇透清水，播入经催芽的种子。播后昼温25～28℃，夜温15～18℃，基质相对湿度维持在80%左右。

（4）苗期管理 出苗后昼温保持22～25℃、夜温12～15℃；光强大于2万lx；基质相对湿度维持70%～80%。

三、田间管理

（一）定植前的准备

1.技术要求

定植前栽培槽、主灌溉系统等提前安装备用，栽培基质按比例均匀混合，并填入栽培槽中。温室保持干净整洁，经消毒处理，无有害昆虫及绿色植物，与外界基本隔离。备好有机固体肥料。

2.操作方法

（1）消毒处理 提前1个月准备好栽培系统，用水浇透栽培基质，使基质含水量超过80%，盖上透明地膜。整理温室，并用1%的高锰酸钾喷施架材，密封温室通过夏季强光照和高温消毒。

（2）施入基肥 定植期前2d打开温室，撤去地膜，按10kg/m³的用量将有机肥均匀撒施在基质表面，并用铁锹等工具将基质和肥料混匀，将基质浇透水备用。

（二）定植

播种后30d左右定植，即10月底至11月上中旬。定植苗应尽量选择无病虫苗，大小苗分区定植，以便管理。采用双行错位定植法定植，株距30～35cm，每行植株距栽培槽内边10cm左右，定植后立即按每株200mL的量浇灌定植水。

（三）定植后管理

1.灌溉软管的安装

小心地将滴灌软管放入栽培槽中间，并使出水孔朝上，与主管出水口连接固定，堵住软管另一端。开启水源阀门，检查软管的破损及出水情况。用宽40cm、厚0.1mm的薄膜覆盖在软管上。

2.水分管理

（1）技术要求　根据植株生长发育的需要供给水分。定植后前期注意控水，以防高温、高湿造成植株徒长，开花坐果前维持基质湿度60%～65%，开花坐果后以促为主，保持基质湿度在70%～80%。冬季要求基质温度在10℃以上。

（2）操作方法　定植后3～5d开始浇水，每3～5d浇1次，每次10～15min。植株开花坐果后，植株生长发育旺盛，以促秧为主，只要是晴天，2～3d浇1次，阴天一般不浇水，但连阴数天后，要视情况少量给水。每3d检查1次基质水分状况，如基质内积水超过基质厚度的5%，则停浇1～2d后视情况给水。2～3月份气温开始上升，温室环境随外界条件的改善而改善，植株再次进入旺盛生长期，水分消耗量开始逐渐上升，可按每天1次、2次、3次逐渐增加供水，以满足作物生长发育的需要。

四、温室环境调控

（一）温度

1.技术要求

根据黄瓜生长发育的特点，通过加温系统、降温系统及放风来进行温度管理，白天室内维持25～30℃，基质温度保持15～22℃。

2.操作方法

10月上旬白天根据温度情况开、关放风口调节温度，夜间关闭放风口。10月中下旬到11月上旬，应注意天气变化，特别是注意寒潮侵袭，正常晴天情况下，上午9：00左右开启放风口，下午16：00关闭；寒潮来临时，应加盖二道幕保温，必要时应采取临时加温措施。正式加温后，根据温度情况，抢时间通风。春夏季温度逐渐升高，通过放风、遮阳网、强制降温系统来达到所要求的温度条件。基质温度过高时，通过增加浇水次数降温；过低时，减少浇水或浇温水提高基质温度。

（二）光照

1.技术要求

黄瓜正常生长发育要求4万～5万lx的光照条件。温室覆盖材料透光率要求维持在60%以上。

2.操作方法

生长后期高温、高光强时可适当遮阴，秋冬季弱光条件下可通过及时摘除下部老叶等手段改善光照状况；可通过定期清理薄膜或玻璃上的灰尘增加透光率；通过张挂、铺设反光幕等手段提高光照强度。

（三）湿度

1.技术要求

应尽量减少秋季温室的空气湿度，维持空气相对湿度50%～55%。

2.操作方法

秋冬季节通过采取减少浇水次数、提高气温、延长放风时间等措施来减少温室内空气湿度。

（四）二氧化碳

1.技术要求

通过加强放风使温室内二氧化碳浓度接近外界空气二氧化碳含量，有条件时应追施二氧化碳气肥，提高二氧化碳浓度，温室适宜二氧化碳浓度为600～1000mg／L。

2.操作方法

生产上一般采用硫酸与碳酸氢铵反应产生二氧化碳。每667m²温室每天约需要2.2kg浓硫酸（使用时加3倍水稀释）和3.36kg碳酸氢铵。每天在日出0.5h后施用，并持续2h左右，或施用液化二氧化碳2kg左右，也可通过燃煤产生二氧化碳。

3.说明

应将二氧化碳气体通过管道均匀输送到温室上部空间，采用燃煤产生二氧化碳应防止有害气体如二氧化硫、二氧化氮等伤害植株。

第四节　日光温室番茄有机生态型无土栽培技术

一、栽培设施

（一）栽培槽

（1）技术指标：栽培槽深20cm，宽48cm（内径），间距85cm，坡降为0.5%，隔离土壤的薄膜厚0.1mm，宽120cm，长度依栽培槽的长度而定，用砖等材料制作栽培槽。

（2）说明：槽内隔离膜可选用普通聚乙烯棚膜，槽间走道可用红砖、编织布、塑料膜、沙子等与土壤隔离，保持栽培系统清洁。

（二）栽培基质

（1）技术指标：栽培基质有机质占40%～50%，容重0.35～0.45g/cm³，最大持水量240%～320%，总孔隙度85%，C：N为30：1，pH值为5.8～6.4，总养分含量3～5kg/m³，基质厚度15cm，底部粗基质粗径1～2cm，厚度5cm。

（2）参考配比：双孢菇菇渣：1m³＝4：1；平菇菇渣：干净河沙＝3：1；腐熟玉米秸秆：干净河沙＝3：1等。每方混合料中加入消毒干鸡粪15～20kg，三元复合肥0.5～1kg。

（3）说明：基质的选材广泛，可因地制宜，就地取材，选择价格低廉的原材料，原材料应注意消毒。粗基质主要作贮水排水，可选用粗炉渣、石砾等，应用透水编织布与栽培基质隔离。栽培基质用量为30m³/667m²。

（三）供水系统

（1）技术指标：水源水头压力为1～3m水柱，滴灌管每米流量12～22L/h，每孔10min供水量为400～600mL，出水方式为双上微喷，也可用其他滴灌形式。

（2）参考产品：双翼薄壁软管微灌系统。

（3）说明：供水水源可采用合适压力的自来水或高1.5m的温室水箱，也可选用功率为1100W、出水口直径为50mm的水泵。

（四）养分供给

以固态缓效肥代替营养液，固态肥按N：P₂O₅：K₂O＝1：0.25：1.14的比例配制；基肥均匀混入基质，占总用肥量的37.5%，追肥分期施用。可用有机生态型无土栽培专用肥。

二、育苗

（一）品种

应选用无限生长类型，并具耐低温、弱光及抗病等特点。如千禧、卡鲁索、天福501、金棚1号、保冠等品种。

（二）育苗

1.技术要求

育苗环境良好，经消毒、杀虫处理，并与外界隔离；育苗方法采用穴盘进行无土育苗，种子应经消毒处理。从7月上旬至7月下旬开始育苗，苗龄控制在25d左右。成苗株高小于15cm，茎粗0.3cm左右，3叶1心。

2.操作方法

（1）育苗基质配制　用草炭和蛭石各50%配制育苗基质，并按每1m³基质5kg消毒干鸡粪十0.5kg专用肥将肥料均匀混入，装入穴盘备用。

（2）浸种催芽　种子采用55℃热水浸泡10min后，取出流水沥干，放入1%的高锰酸钾溶液中浸泡10～15min，用清水洗净，并浸泡6h。然后置于28～30℃的条件下催芽，催芽期间注意保湿及每天清洗种子。

（3）播种　将装有基质的穴盘浇透清水，播入经催芽的种子。播后昼温25～28℃，夜温15～18℃，基质相对湿度维持在80%左右。

（4）苗期管理　出苗后昼温保持22～25℃、夜温12～15℃；光强大于2万lx；基质相对湿度维持70%～80%。

三、田间管理

（一）定植前的准备

1.技术要求

定植前栽培槽、主灌溉系统等提前安装备用，栽培基质按比例均匀混合，并填入栽培槽中。温室保持干净整洁，经消毒处理，无有害昆虫及绿色植物，与外界基本隔离。备好有机固体肥料。

2.操作方法

（1）消毒处理　提前1个月准备好栽培系统，用水浇透栽培基质，使基质含水量超过80%，盖上透明地膜。整理温室，并用1%的高锰酸钾喷施架材，密封温室通过夏季强光照和高温消毒。

（2）施入基肥　定植期前2d打开温室，撤去地膜，按10kg／m³的用量将有机肥均匀撒施在基质表面，并用铁锹等工具将基质和肥料混匀，将基质浇透水备用。

（二）定植

播种后25d左右定植，即7月底至8月上中旬。定植苗应尽量选择无病虫苗，大小苗分区定植，以便管理。采用双行错位定植法定植，株距30cm左右，每行植株距栽培槽内边10cm左右，定植后立即按每株200mL的量浇灌定植水。

（三）定植后管理

1.灌溉软管的安装

小心地将滴灌软管放入栽培槽中间，并使出水孔朝上，与主管出水口连接固定，堵住软管另一端。开启水源阀门，检查软管的破损及出水情况。用宽40cm、厚0.1mm的薄膜覆盖在软管上。

2.水分管理

（1）技术要求　根据植株生长发育的需要供给水分。定植后前期注意控水，以防高温、高湿造成植株徒长，开花坐果前维持基质湿度60%～65%，开花坐果后以促为主，保持基质湿度在70%～80%。冬季要求基质温度在10℃以上。

（2）操作方法　定植后3～5d开始浇水，每3～5d浇l次，每次10～15min。8月底或9月上旬，开始开花坐果后，植株生长发育旺盛，以促秧为主，只要是晴天，温度等条件也合适，每天灌溉1～2次，每3d检查1次基质水分状况，如基质内积水超过基质厚度的5%，则停浇1～2d后视情况给水。进入10月中下旬以后，温度下降，光照减弱，植株生长缓慢时，要注意水分供给，晴天2～3d浇l次，阴天一般不浇水，但连阴数天后，要视情况少量给水。2～3月份气温开始上升，温室环境随外界条件的改善而改善，植株再次进入旺盛生长期，水分消耗量开始逐渐上升，可按每天1次、2次、3次逐渐增加供水，以满足作物生长发育的需要。

四、温室环境调控

（一）温度

1.技术要求

根据番茄生长发育的特点，通过加温系统、降温系统及放风来进行温度管理，白天室内维持25～30℃，基质温度保持15～22℃。

2.操作方法

8～9月以防高温为主，温室的所有放风口全天开启，并在中午视温度情况拉上遮阳网降温，必要时进行强制通风降温。10月上旬白天根据温度情况开、关放风口调节温度，夜间关闭放风口。10月中下旬到11月上旬，应注意天气变化，特别是注意加温前的寒潮侵袭，正常晴天情况下，上午9:00左右开启放风口，下午16:00关闭；寒潮来临时，应加盖二道幕保温，必要时应采取临时加温措施。正式加温后，根据温度情况，抢时间通风。春夏季温度逐渐升高，通过放风、遮阳网、强制降温系统来达到所要求的温度条件。基质温度过高时，通过增加浇水次数降温；过低时，减少浇水或浇温水提高基质温度。

（二）光照

1.技术要求

番茄正常生长发育要求3万～5万lx的光照条件。温室覆盖材料透光率要求维持在60%以上。

2.操作方法

苗期或生长后期高温、高光强时可启用遮阳网，采取双秆整枝方式增加植株密度；秋冬季弱光条件下可通过淘汰老、弱、病株，及时整枝摘叶等植株调整手段改善整体光照状况；可通过定期清理薄膜或玻璃上的灰尘增加透光率；通过张挂、铺设反光幕等手段提高光照强度。

（三）湿度

1.技术要求

应尽量减少秋季温室的空气湿度，维持空气相对湿度60%～70%。

2.操作方法

秋冬季节通过采取减少浇水次数、提高气温、延长放风时间等措施来减少温室内空气湿度。

（四）二氧化碳

1.技术要求

通过加强放风使温室内二氧化碳浓度接近外界空气二氧化碳含量，有条件时应追施二氧化碳气肥，提高二氧化碳浓度，温室适宜二氧化碳浓度为600～1000mg/L。

2.操作方法

生产上一般采用硫酸与碳酸氢铵反应产生二氧化碳。每667m^{2}温室每天约需要2.2kg浓硫酸（使用时加3倍水稀释）和3.36kg碳酸氢铵。每天在日出0.5h后施用，并持续2h左右，或施用液化二氧化碳2kg左右，也可通过燃煤产生二氧化碳。

3.说明

应将二氧化碳气体通过管道均匀输送到温室上部空间，采用燃煤产生二氧化碳应防止有害气体如二氧化硫、二氧化氮等伤害植株。

第七章　秸秆生物反应堆技术

秸秆生物反应堆技术是将秸秆在微生物菌种的作用下，通过一定的工艺设施，定向转化成植物生长需要的CO_2、热量、抗病孢子、酶、有机和无机养料，进而获得高产、优质的绿色食品的生物技术，实现资源科学利用、农民增收、农业增效、生态环境友好的目标。该技术有利于解决化肥农药用量大污染严重、土壤次生盐渍化、重茬障碍突出、病虫害严重等设施蔬菜连作障碍问题。

一、产地选择

产地应选择秸秆资源丰富、生态环境良好、没有或不直接被工业"三废"以及农业、城镇生活垃圾、医疗废弃物污染的农业生产区域；大气质量符合GB3095要求；产地以及产地周围1000m内无污染源；土壤重金属元素背景值正常，产地内无金属矿山，未受到人为污染，土壤中无超标农药残留，符合GB15618要求；具有一定的灌、排条件，地表水质量符合GB3838要求；地下水质清洁、无污染，灌溉用水或上游水没有对产地构成污染的污染源。

二、应用方式

秸秆生物反应堆主要有内置式反应堆、外置式反应堆、内外置结合式反应堆3种。其中内置式反应堆又分为行下内置式反应堆、行间内置式反应堆；外置式反应堆又分为简易外置式反应堆和标准外置式反应堆。选择应用方式时，主要依据生产地种植品种、定植时间、生态气候特点和生产条件而定。

三、菌种处理

使用前1d或者当天，将菌种进行预处理，方法是在阴凉处，将菌种和麦麸混合拌匀后，再加水掺匀，比例按1kg菌种掺20kg麦麸，再加18kg水掺匀。然后将50～150kg饼肥（蓖麻饼、豆饼、花生饼、棉籽饼、菜籽饼等）加水拌匀，比例按1：1.5，最后将菌种、饼肥再掺和匀，堆积4～12h后使用。如菌种当天使用不完，应将其摊放于室内或阴凉处，散热降温，厚度8～10cm，第2d继续使用。寒冷天气要注意防冻。

四、植物疫苗处理

在阴凉处，将植物疫苗和麦麸混合拌匀后，再加水掺匀，比例按1kg疫苗掺20kg麦麸，加18kg水。将50kg饼肥和100～150kg草粉（没有草粉的可用75kg麦麸代替）单独加水掺匀。再与用麦麸拌好的植物疫苗混匀，堆放10h后，在室内或阴凉处，将其摊簿8cm，转化7～10d后再用。期间，要翻料3次，料堆温度不能高于50℃。料上不要盖不透气的塑料薄膜。寒冷天气要防冻，秋天注意防苍蝇。

五、内置式秸秆生物反应堆技术要点

行下内置式反应堆一般无电力供应、长江以北的越冬或早春茬作物保护地种植区，宜采用行下内置式反应堆。行间内置式反应堆适宜在高温季节生长的作物，以及作物定植前无秸秆的区域。

1.秸秆、菌种、疫苗以及辅料用量

行下内置式反应堆每667m²用秸秆3000～5000kg、菌种6～10kg、植物疫苗3～5kg、麦麸180～300kg、饼肥100～200kg；所用秸秆为整秸秆或整碎结合的均可。行间内置式反应堆每667m²用秸秆2500～3000kg、菌种5～6kg、麦麸100～120kg、饼肥50kg。

2.建造时机

建造行下内置式反应堆一般在定植或播种前10～20d操作，早春拱棚作物可提前30d建好待用；抢茬种植的反应堆也可现建现用。建造行间内置式反应堆一般在定植或播种后至开花结果前进行。

3.建造方法

（1）行下内置式反应堆操作。

①开沟。采用大小行种植，一般一堆双行。大行（人行道）宽90～110cm，小行宽60～80cm。在小行（种植行）位置进行开沟，沟宽70cm或80cm，沟深20～25cm。开沟长度与行长相等，开挖的土按等量分放沟两边，集中开沟。

②铺秸秆。全部开完沟后，接着向沟内铺放干秸秆（玉米秸、麦秸、棉柴、稻草等），一般底部铺放整秸秆（如玉米秸、高粱秸、棉柴等），上部放碎软秸秆（如麦秸、稻草、食用菌下脚料等）。铺完踏实后，厚度25～30cm，沟两头露出10cm秸秆茬，以便进氧气。

③撒菌种。将处理好的菌种，按每沟所用量，均匀撒在秸秆上，并用锨轻拍一遍，使菌种与秸秆均匀接触。新棚要先撒100～150kg饼肥于秸秆上，再撒菌种。有牛

马羊兔粪便的，可先把菌种的2/3撒在秸秆上，铺施一层粪便，再将剩下的菌种撒上。

④覆土。将沟两边的土回填于秸秆上成垄，秸秆上土层厚度保持20cm，然后将土整平。

⑤浇水撒疫苗。在大行内浇大水，水面高度达到垄高的3/4，水量以充分湿透秸秆为宜。隔3～5d后，将处理好的疫苗撒施到垄上与10cm土掺匀、整平。撒疫苗要选择在早上、傍晚或阴天时，要随撒随盖，不要长时间在太阳下曝晒，以免紫外线杀死疫苗。

⑥打孔。在垄上用打孔器（用12#钢筋，在顶端焊接一个T形把，一般长80～100cm）打3行孔，行距20～25cm，孔距20cm，孔深以穿透秸秆层为准，以进氧气促进秸秆转化。孔打好后等待定植。

（2）行间内置式反应堆操作。

①开沟。一般离开苗15cm，在大行内开沟起土，开沟深15～20cm，宽60～80 cm，长度与行长相等，开挖的土按等量分放沟两边。

②铺秸秆。铺放秸秆20～25cm厚，两头露出秸秆10cm，踏实找平。

③撒菌种。按每行菌种用量，均匀撒接一层菌种，用铁锨轻拍一遍，使菌种与秸秆均匀接触。

④覆土。将所起土回填于秸秆上，厚度10cm，并将土整平。

⑤浇水。在大行间浇水湿润秸秆。以后浇水在小行间进行。

⑥打孔。浇水4d后，离开苗10cm，用12#钢筋打孔，按30cm一行，20cm一个，孔深以穿透秸秆层为准。

六、外置式秸秆生物反应堆技术要点

1.应用方式

（1）简易外置式反应堆。

挖好沟，铺设一层厚农膜，用水泥杆、树枝作隔离层，用砖泥砌垒通气道和交换机底盘，投资小，但易破漏，使用期为1年。

（2）标准外置式反应堆。

用水泥、砖、砂子砌垒池子通气道和交换机底盘，水泥杆、竹坯、纱网作隔离层，投资大，使用期为15年。按其建造位置又分棚外外置式和棚内外置式，低温季节一般建在棚内，高温季节和南方省份一般建在棚外，棚外外置上料方便，棚内外置上料麻烦，用户可根据实际情况灵活选择。每种建造工艺大同小异，而共同点是定植前建好，定植后上料，安机使用。

2.建造工艺

一般越冬和早春茬作物，建在大棚进口的山墙内侧处，距山墙60cm，自北向南挖一条上口宽120～130cm、深100cm，下口宽100～110cm、长6～7m的沟（贮气池），将所挖出的土壤分别均匀放在沟的四周，摊成外高里低的坡形。用厚农膜铺设沟底、四壁直至沟上沿80～100cm宽。再从南北沟的中间位置向棚内开挖一个宽60cm，深50cm，长100cm的出气道，出气道末端建造一个下口直径为50cm（内径），上口内径为40cm，高出地面20cm的圆形交换机底座。沟壁、气道和上沿用单砖砌垒，水泥抹面，沟底用沙子水泥打底，厚度6～8cm。南北两头各建造一个长50cm，宽高20cm×20cm的进气道，单砖砌垒或者用管材替代，然后在沟上南北向每隔40cm东西排放一根20cm宽，10cm厚的水泥杆，在水泥杆上南北纵向每隔10cm用细竹竿或竹坯固定，这样外置式反应堆基础就建造好了。待水泥硬化后，就可进行铺放秸秆、撒接菌种以及上堆操作，每放40cm厚接一层菌种，连续铺放3层，淋水浇湿秸秆，淋水量以下部沟中有1/4积水为宜，最后用农膜覆盖保湿，靠近交换机的一侧要盖严，交换机底座要密封。安装交换机抽气，以便促进反应堆定向快速反应转化。

3.秸秆、菌种、辅料的用量

第一次秸秆用量1500kg左右、菌种3kg、麦麸60kg、饼肥20kg。越冬茬作物全生育期上料3～4次，秋延迟或早春茬作物上料2～3次。每次用秸秆500～750kg，菌种1～2kg，饼肥10kg。

4.使用与管理

外置式反应堆使用与管理可以概括为："三用"和"三补"。上料加水当天就要开机，不分阴晴，白天都要开机。

（1）用气。外置式反应堆上料加水当天，要开交换机2h，以后不分阴晴天，每天都要开机。开机时间，苗期每天开机4～5h，开花期每天开机6～7h，结果期每天开机8h。每日上午9时开机，盖草帘前半小时停机。

（2）用液。上料加水后第2d，及时将沟中的水抽出，浇淋于反应堆的秸秆上，连续3d循环浇淋3次。10d左右，往反应堆上淋水，将浸出液及时取出，按1份浸出液对2～3份的水，喷施叶片和植株，或结合每次浇水冲施。反应堆浸出液中含有大量的二氧化碳、矿质元素、抗病孢子，既能增加植物的营养，又可起到防治病害的效果。

（3）用渣。秸秆在反应堆中转化成大量CO_2的同时，也释放出大量的矿质元素积留在陈渣中，它是蔬菜所需有机和无机养料的混合体。将从外置反应堆中清理出的陈渣，收集后堆积起来，盖膜继续腐烂成细粉状物，在育苗、定植或者播种前拌疫苗，进行接种，对作物生长、防治病虫害有显著作用。

（4）补水。补水是反应堆运行的重要条件之一，建堆上料加水，循环3次后，8～

10d向反应堆补1次水，使秸秆保持湿润。缺水会降低反应堆的效能。

（5）补气。氧气是反应堆产生CO_2的先决条件，除保持进出气道通畅外，随着反应堆的进行，反应堆里的秸秆沉实，通气状况越来越差，反应速度慢，应该及时揭膜，用木棍或者钢筋打孔通气，每平方米5～6个孔，每个月要打1次孔。

（6）补料。外置反应堆一般使用50～60d，秸秆消耗在60%以上。此时应及时补充秸秆和菌种。一次补充秸秆750～1000kg，菌种2kg，饼肥10kg，浇水湿透后，用直径10cm尖头木棍打孔通气，然后盖膜。一般越冬茬作物补料3次。

七、日光温室秸秆生物反应堆技术

1.前期准备

（1）清洁田园。清除前茬作物的残枝烂叶及病虫残体。

（2）温室消毒。

①硫黄熏蒸。种植时间1～3年的温室，或病虫害发生不重的温室，每667m²用硫黄粉2～3kg加敌敌畏0.25kg，拌上锯末分堆点燃，密闭熏蒸一昼夜后放风。也可用45%百菌清烟剂熏蒸，每667m²用量250g。操作用的农具同时放入室内消毒。

②土壤消毒。对首次应用秸秆生物反应堆技术的大棚要进行土壤消毒。对种植时间长、大量使用鸡猪鸭等非吃草动物粪便，造成线虫病等土传病害发生重的温室，可在6月中旬至7月下旬，收获完作物后，清除秧秸，不去棚膜，将98%必速灭颗粒剂按20～30g/m²，撒到土壤表面，加600～750kg碎麦秸，翻地20～25cm，然后灌大水，地表存水，覆盖地膜，盖严棚膜，使地表温度达70℃，20cm土壤温度达35～40℃，高温闷棚30～40d，杀死线虫及其他土传病菌效果突出。此外，土壤消毒还可用药剂处理，用50%多菌灵可湿性粉剂1∶100配成药土，按0.5kg/m²用量撒于地面与土壤混匀。

2.定植

先在做好的反应堆垄上开沟或穴，放苗定植后，浇缓苗水，打孔。这次浇水千万不能大，要浇小水。苗定植当天，每棵苗浇1碗水，高温季节隔3d再浇1次；中温季节隔5d要再浇1碗水。定植后不要盖地膜，等10多天苗缓过来后再盖地膜，并及时打孔。大行一般90～100 cm，小行一般60～70 cm，株距适当缩小，总密度比常规降低10%～15%。一般早熟品种宜密，晚熟品种宜稀。早春作物宜密。

3.田间管理

（1）肥料管理。对于新建大棚，地力相对瘠薄的土壤，结合整地施氮、磷、钾（15∶15∶15）硫酸钾型复合肥50kg；对于种植3年以上的大棚，定植前不施化肥、不使用鸡猪鸭等非草食动物粪便。定植至坐瓜前，不追肥。但可结合喷药，用0.3%磷酸二氢钾加0.2%尿素或0.3%氮、磷、钾（15∶15∶15）硫酸钾型复合肥溶液进行叶面喷肥2～4次，收获期可以每隔30d喷施1次。此后，可根据地力情况，适当追施少量有机肥和氮、磷、钾（15：15：15）硫酸钾型复合肥。每次每667m²冲施浸泡7～10d天的豆粉、豆饼等有机肥15kg、复合肥10kg。化肥用量第一年应用该技术减少60%，第二年减少70%，第三年减少80%。连续应用该技术3年后，可基本不再冲施化肥，仅进行适当的叶面喷施即可。进行有机食品生产的要适当增加饼肥的使用量，不再使用任何化肥。

（2）水分管理。一般常规栽培浇3次水，用该项技术只浇1次水即可，浇水不能过多。在第一次浇大水湿透秸秆的情况下，定植后，一般间隔70d再浇水。揭开作物周围的地膜，将表层2cm土拨边，用手下抓一把土，用手一攥，如果不能攥成团应马上浇水，能攥成团不要浇水。可在种植行膜下浇水，浇水后2d要及时打孔。提倡在大管理行内浇水，向种植行内渗水，这样可保持作物根系水分适中，土壤疏松。浇水后的第3d中午时，将风口适当放大去湿。可在管理行内撒碎麦秸吸潮降湿。早春大拱棚作物和露天果树浇水，必须分段浇，10～15m一段，否则会浇水过大，闷苗烂根。有条件的最好采用微滴灌技术膜下灌水，水量控制得好，效果最好。冬春季浇水要"三看"（看天、看地、看苗情）和"五不能"（一不能早上浇，二不能晚上浇，三不能小水勤浇，四不能阴天浇，五不能降温期浇）。尤其是进入12月份，一定要选好天气（浇水当天及后几天的天气要好），在上午9点半以后，下午2点半之前浇水。

（3）病虫害防治。在病虫害防治上，要注重农业措施、物理化学措施、生物措施相结合，进行综合防治，以防为主。严禁使用鸡猪鸭等非草食动物粪便，杜绝线虫等病虫害的传播源。保护地内设置黄板诱杀白粉虱、蚜虫、美洲斑潜蝇等，用蓝板诱杀蓟马等害虫。也可释放丽蚜小蜂控制白粉虱。日光温室通风口处加防虫网。灌水前后，每667m²用250g45%百菌清烟剂熏蒸防病。一旦有病虫害发生，采取化学农药防治要严格按照GB 4285、GB／T 8321、DB37／T 332的要求安全使用农药。有烂根烂秧发生的，不要大水漫灌冲施农药，要将所需农药按规定稀释后直接灌根，每棵0.25kg。要避开采摘时间施药，应先采摘、后施药，采收前7d严禁使用化学杀虫剂。农药用量，第一年应用该技术，减少60%，第二年减少70%，第三年减少90%。连续应用该技术3年后，可基本不再用农药防治病虫害。进行有机食品生产的不再使用农药，可选生物制剂或天敌进行控制。

第八章 低温危害预防技术

第一节 设施蔬菜低温危害预防对策

一、建立低温危害预警机制

由农业部门与气象部门联合协作，建立12121气象服务热线；由农业部门与通信公司联合协作，建立12316科技服务咨询热线，农民可随时拨打12121进行气象咨询服务、12316技术咨询服务，在倒春寒、剧烈降温等灾害性天气来临前向菜农发布手机信息预告，并在农业信息网站开通设施蔬菜网络专家咨询服务系统。

二、示范推广耐低温、抗逆性强的品种

依据市场需求、不同设施类型、栽培茬口安排、病虫害发生状况等，积极开展蔬菜品种引进试验、区试筛选。日光温室越冬茬蔬菜以生长势强、耐低温弱光、连续坐果能力强为重点；塑料大中棚早春茬蔬菜以早熟、耐低温、耐贮运、商品性好为重点。陕西关中地区建议选用博耐13号、津优308号黄瓜，红双喜、陕抗2号西瓜，普瑞特、京葫3号西葫芦，金棚M6088、普罗旺斯番茄，安德烈、尼罗茄子等生长势旺盛、耐低温弱光、综合抗病性好、抗逆性强、商品性状优、产量高的设施蔬菜新优品种。

三、新型结构日光温室、塑料大中棚设计优化

1.日光温室棚型结构设计优化

（1）采光设计。温室一般东西延长，北朝南，正向布局，或南偏西5°～10°；前屋面角应随地理纬度的升高而增大，宝鸡地区最佳前屋面角为23.5°～24.5°；前后两排温室间距应不小于温室脊高加卷起草帘或保温被高的2倍，一般温室间距8～10m。

（2）保温设计。温室长度依地形而定，一般以50～70m为宜；宝鸡地区温室合适的高跨比为1：2.1～2.3，如脊高3.7m（从地平线计）的温室，跨度应为8.5m；后墙高度2.5～3m，人工夯打土墙底宽1.2m、顶宽1m，机筑土墙底宽4～6m、顶宽

1.5～2m；后屋面采用高后墙短后坡式结构，长度1.77m，水平投影1～1.2m，与水平线夹角40°～42°；栽培床面下挖0.5～0.6m。

2.塑料大中棚棚型结构设计优化

竹木拱架、水泥立柱混合结构大棚，南北延长，东西跨度12m，高度1.5～1.8m，大棚间距1.5～2.0m。全水泥预制结构大棚，一般跨度6～10m，高度2.2～2.7m，拱间距1.5～1.7m，棚长40～60m。组装式钢管结构大棚，采用双层镀锌薄壁钢管预制件组装而成，棚内无支柱，安装方便，坚固耐用，棚膜直接用压膜槽和卡丝固定。大棚两侧设1m宽的通风道，设置防虫网和棚裙，配置手动卷膜器、遮阳网、无纺布等辅助设备。

四、集成示范低温危害预防栽培技术

1.示范推广综合配套栽培技术

依据设施的抗低温能力合理安排茬口，大力推广大温差培养壮苗、滴灌、测土配肥、秸秆生物反应堆、棚内熏烟等预防寒害和冻害综合配套栽培技术。

2.采用多层覆盖保温

棚膜选择保温性能好的长寿无滴聚氯乙稀膜，也可用无滴保温耐老化膜、聚氯乙烯防尘无滴膜等功能性薄膜；棚膜外覆盖优质草帘或保温被，草帘要求厚而紧实，宽度一般1.2m，厚度5～6cm，长50m的温室需草帘75～80个，相邻两个草帘边缘要重叠30cm左右；草帘上覆盖用过的旧塑料薄膜作为防雨防寒膜；温室内搭建小拱棚，或覆盖无纺布，栽培畦覆盖地膜，采用多层覆盖以提高保温效果。

大棚多层覆盖，一种是在原一层覆盖的基础上，在原大棚内用竹竿再插上一层至两层拱棚，即就是棚内套棚，形成2层或3层拱棚，每层加盖薄膜，地面覆地膜。这种多层覆盖大棚可在冬季生产草莓、芹菜等较耐寒性蔬菜作物。另一种是其大棚骨架直接由生产厂家做成可上两层薄膜的骨架结构，两层膜间有10～15cm的空气层，也可有效提高冬季棚内温度，用于叶菜等耐寒性蔬菜生产。

3.增加辅助增温补光设施

有条件的购置燃煤暖风炉、电热风机、植物生长增温灯等临时性加温设施，以应对骤然出现的极端低温；安装农艺钠灯、碘钨灯、荧光灯、植物生长补光灯等补光设施，遇到连续阴雪寡照天气，草帘、保温被等不能揭开时，开启补光灯进行人工补光。同时，在平时管理中，及时清扫冲洗棚膜上的灰尘和草渣，后墙张挂反光幕。

4.低温危害发生后补救措施

在低温寒害、冻害期间，采用叶面喷施抗霜素、防冻剂、营养素等措施；久阴雨雪后天气乍晴，采用回帘遮阴，筛选出适宜的补救措施。

第二节 日光温室蔬菜低温危害预防技术

陕西省宝鸡市1994年大面积示范推广日光温室蔬菜栽培技术，历经20多年的发展，到2021年年底全市日光温室蔬菜种植仅2533hm²（3.8万亩）。日光温室蔬菜发展时间长，规模却不及陕西渭南、咸阳等地市一个日光温室生产大县的面积，其主要原因是冬季易出现连续阴雪，并伴随大幅度降温天气，导致日光温室喜温性蔬菜极易发生低温冷害、冻害，增加了种植风险。

一、低温危害发生情况

日光温室冬春茬蔬菜栽培，以喜温性的瓜类和茄果类蔬菜栽培效益为最好，其要求温室内温度不低于10℃。如黄瓜低于10℃植株生长停滞，低于5℃发生冻害；番茄低于10℃植株生长量显著下降，长时间低于5℃发生冷害。宝鸡市每年12月至翌年元月份，连续低温寡照天气出现频繁，冷害和冻害时有发生，有"两年一小冻，四年一大冻"的说法。如2001年12月14～24日连续11d的阴雪及大幅度降温天气，千阳、陇县受冻严重的温室黄瓜，每棚死苗达1500多株；2004年12月18～29日连续12d的阴雪寡照天气，其间骤然降温，室外最低气温-13℃持续5～6d，部分温室内最低温度降至3℃，全市受冻温室1200余座；2010年11月3日，宝鸡30年不遇的最早的一场大雪，使没有来得及上草帘的1300多座温室番茄、黄瓜等作物全部冻死。据调查，宝鸡市日光温室蔬菜近10年来，每年因低温危害造成的直接经济损失近1000万～1500万元。

二、低温危害发生原因分析

1.气候因素

宝鸡市地处陕西关中西部，南、西、北三面环山，气候类型多样，垂直差异明显，气象灾害频繁，冬季日照时数短，光照弱，易出现连续低温阴雪天气。据气象资料，宝鸡市1981～2010年的30年间，11月至翌年2月份，月平均日照时数134.6h、日照百分率43%，日照百分率≤20%的天数10.7d，极端低温-20.4℃，≤-10℃连续日数6.8d，使冬春季日光温室喜温性蔬菜生产面临冷害、冻害的威胁。较长时间的极端低温以及光照不足，使温室内温度长时间低于作物生长的临界温度，从而导致冷害、冻害时有发生。

2.温室结构不合理，辅助设施不完善

近年来冬春季低温危害严重的日光温室蔬菜，在结构及辅助设施方面存在以下不足：跨度多为6.5～7m，前屋面角度20°～22°，透光率低，棚间距4～6m，前棚给后棚遮阴，影响采光蓄热；土墙墙体较薄，有些厚度不足1m，前沿外侧无防寒沟，前屋

面覆盖物薄，影响整体保温效果；连续阴雪、大幅度降温等灾害性天气来临时，缺乏人工增温、补光等临时性辅助设施。

3.栽培技术跟不上，受冻后补救措施不到位

农户为了在元旦、春节前后抢早上市而盲目提早播期，使耐冻性差的瓜类、茄果类蔬菜开花结果期正好处于当地温度最低的元月份，植株易发生冷害、冻害；育成的秧苗徒长，或大温差炼苗不够，定植温室后植株抗逆性差，遇到降温容易发生冻害；出现持续低温阴雪天气，农户只顾盖帘保温，而不揭帘见光，加上没有补光设备，植株因缺乏营养而代谢功能降低，受冻死亡；低温过后天气骤晴时，回帘遮阴、叶面喷温水等灾后补救措施不到位，造成闪苗死秧，使低温危害程度加重。

三、低温危害预防技术

1.优化日光温室结构

（1）规划布局。日光温室应选择地势平坦高燥、地下水位低、土壤疏松富含有机质、排灌方便、光照和通风条件良好、避开河套和山川等风道、交通运输便利的地段。依据温室群的数量，绘制出温室群布局平面图，规划布局应包括温室建造方位、田间道路、相邻温室排列、附属设备等方面。每2排温室留一条南北方向5～7m的室外作业通道和排灌水渠。

（2）采光设计。温室一般东西延长，坐北朝南，正向布局，或南偏西5°～10°；前屋面角应随地理纬度的升高而增大，宝鸡地区最佳前屋面角为23.5°～24.5°；前后两排温室间距应不小于温室脊高加卷起草帘或保温被高的2倍，一般温室间距8～10m。

（3）保温设计。温室长度依地形而定，一般以50～70m为宜；宝鸡地区温室合适的高跨比为1∶2.1～2.3，如脊高3.7m（从地平线计）的温室，跨度应为8.5m；后墙高度2.5～3m，人工夯打土墙底宽1.2m、顶宽1m，机筑土墙底宽5～6m、顶宽3～4m；后屋面采用高后墙短后坡式结构，长度1.77m，水平投影1～1.2m，与水平线夹角40°～43°；栽培床面下挖0.5～0.6m。

2.开展技术研究，推广实用技术

（1）开展低温危害预防技术研究。积极开展温室结构设计、设施内环境优化调控、关键配套栽培技术等试验研究与集成示范，不断总结探索适宜的日光温室蔬菜发展模式；试验筛选抗逆性强的冬春季温室适宜品种，示范推广津优30、博耐13号黄瓜，普罗旺斯、金棚11号番茄，布利塔、尼罗茄子等耐低温弱光的新优品种20多个；进行低温冷害、冻害预防以及灾后补救措施等技术集成与示范推广；引进新型保温覆盖材料、辅助增温补光设备，降低日光温室蔬菜生产风险。

（2）推广冷害、冻害预防实用技术。合理安排日光温室种植茬口，设施滞后、

栽培技术水平低的改越冬一大茬栽培为一年两茬或三茬栽培；注重培育壮苗，定植前7～10d大温差炼苗，增强秧苗抗寒性；增施牛粪、鸡粪、作物秸秆等腐熟有机肥；注意收听灾害性天气的预测预报，降温前给棚室灌水，叶面喷400～700倍蔬菜抗冻剂，提高植株抗寒性；霜冻当晚可在棚内点烟雾剂、用烟雾机熏烟驱寒；遇到连续阴雪寡照天气时，在雨雪间隙尽量争取短时间揭帘见散射光；久阴雨雪后天气骤晴，应先间隔揭花帘，并注意植株变化，发现萎蔫立即回帘遮阴，待恢复后再揭开草帘，如此反复2～3d后，转入正常管理；发生冷害、冻害后，用锌、钙肥灌根促发新根，摘除顶花及部分果实，叶面喷施0.3%尿素+0.2%磷酸二氢钾、"惠满丰"、"活力素"、"爱多收"、"天达2116"等叶面肥；推广秸秆生物反应堆、水肥一体化、病虫害绿色防控等关键配套栽培技术，提高栽培水平，增强植株抗逆性。

（3）建立预警机制，开通专家服务热线。近年来，宝鸡市农业局与市气象局紧密合作，由气象部门对当年11月至翌年2月份的气温和光照变化情况进行中长期预测，并通过电视、广播、报纸、互联网等媒体发布日光温室蔬菜生产黄色、橙色、红色通告；市、县区农业部门根据气象部门提供的预警报告，统一制定相应对策并组织农民积极应对日光温室蔬菜低温危害。

3.采用多层覆盖，增加辅助增温补光设施

棚膜选择保温性能好的长寿无滴聚氯乙稀膜，也可用无滴保温耐老化膜、聚氯乙烯防尘无滴膜等功能性薄膜；棚膜外覆盖优质草帘或保温被，草帘要求厚而紧实，长度11～12m，宽度1.2m，厚度5～6cm，长50m的温室需草帘75～80个；草帘外覆盖上年用过的旧棚膜作为防寒膜；温室内搭建小拱棚，或覆盖无纺布，栽培畦覆盖地膜，采用多层覆盖以提高保温效果。购置燃煤暖风炉、火炉、空气电加温线、电热风机、植物生长增温灯等临时性加温设施，以应对骤然出现的极端低温。及时清扫棚膜上的灰尘和草渣，后墙张挂反光幕，购置安装农艺钠灯、碘钨灯、荧光灯、植物生长补光灯等补光设施，遇到连续阴雪寡照天气草帘不能揭开时，开启补光灯进行短时间人工补光。

第三节　增温补光灯在日光温室蔬菜生产上的应用效果

陕西省宝鸡市位于陕西关中西部，冬春季阴雨雪天气多、日照时数少、光照强度弱，特别是每年元月份易出现连续低温、寡照、阴雪天气，导致日光温室喜温性瓜类、茄果类蔬菜发生冷害、冻害，并引起各种病害发生流行，给日光温室蔬菜生产造成严重损失，制约生产效益提高和产业持续发展。结合实施国家星火计划、陕西省重大农业科技专项项目，了解掌握植物生长灯、动植物增温灯在预防和减轻日光温室蔬菜冷害、冻害方面的作用，特安排本试验。

一、材料与方法

1.试验材料

试验场地为半地下节能型日光温室；增温补光灯选用河北万佳技术咨询中心生产的棚鲜牌32W植物生长灯、250W动植物增温灯；蔬菜品种选用北京市农林科学院蔬菜研究中心选育的京研迷你2号小乳瓜。

2.试验设计与方法

本试验在陕西省岐山县蔡家坡镇宋家尧村、雍川镇马江村日光温室蔬菜示范基地进行。每座温室（占地667m²）安装32W植物生长灯30盏、250W动植物增温灯25盏，灯距地面1.8m。2014年12月15日至2015年2月15日，试验温室每天早晨揭帘前、下午盖帘后分别开灯2h，如遇连续阴雪天草帘、保温被等覆盖物不能揭开时，持续开灯6h，对照温室不开灯，其他管理同常规。记录15cm地温、作物生长点上方3～5cm处气温、作物生物学特性及产量。

二、结果与分析

1.增温补光灯对日光温室15cm地温及棚内气温的影响

表8-1　使用1个月、2个月后15cm地温变化测定表

单位：℃

地点	15cm地温	序号	2015年1月15日	2015年2月15日	平均
宋家尧	试验温室	1	17.2	12.5	14.9
		2	16.7	12.1	14.4
		平均	17.0	12.3	14.7
	对照温室	1	15.0	11.2	13.1
		2	15.3	10.9	13.2
		平均	15.2	11.1	13.1
	试验较对照		1.8	1.2	1.5
马江	试验温室	1	16.5	11.5	14.0
		2	16.7	11.7	14.2
		平均	16.6	11.6	14.1
	对照温室	1	14.7	10.5	12.6
		2	15.3	10.3	12.8
		平均	15.0	10.4	12.7
	试验较对照		1.6	1.2	1.4
	试验较对照		1.7	1.2	1.5

表8-2　宋家尧日光温室使用后棚内气温变化测定表

单位：℃

日光温室	日　期	开灯时平均温度	关灯时平均温度	增加温度	较对照增温
试验温室	1月25日至1月31日	7.6	9.7	2.1	1.8
对照温室	1月25日至1月31日	7.4	7.7	0.3	
试验温室	2月1日至2月7日	8.3	10.6	2.3	1.9
对照温室	2月1日至2月7日	8.3	8.7	0.4	
增温灯平均增加温度	1.85				

　　由表8-1可以看出，使用植物生长灯和动植物增温灯后，温室内15cm平均地温较对照提高了1.5℃。其中，使用1个月后15cm平均地温较对照提高了1.7℃，使用2个月后15cm平均地温较对照提高了1.2℃。由表8-2可以看出，每天早晨揭帘前开灯2h，较对照可增加棚内气温1.85℃，本试验下午盖帘后开灯未做气温变化记载。

　　2.增温补光灯对小乳瓜生物学性状的影响

表8-3　使用增温补光灯后小乳瓜生物学性状比较表

单位：cm

地点、时间	小乳瓜	序号	株高	最大叶长	叶宽	茎粗	叶柄长
马江 2015年1月5日	试验温室	1	46	18.5	16	0.9	15
		2	63	20.5	16.5	0.8	18
		平均	54.5	19.5	16.25	0.85	16.5
	对照温室	1	44.3	16.5	14.5	0.6	14.2
		2	52.3	17.2	15.3	0.7	13.2
		平均	48.3	16.85	14.9	0.65	13.7
	试验较对照		6.2	2.65	1.35	0.2	2.8
宋家尧 2015年1月5日	试验温室	1	90	21	17.5	0.9	16
		2	110	17.5	16	0.7	18
		平均	100	19.25	16.75	0.8	17
	对照温室	1	93	16	13.5	0.6	15
		2	98	20	16	0.6	14.6
		平均	95.5	18	14.75	0.6	14.8
	试验较对照		4.5	1.25	2	0.2	2.2
平均			5.35	1.95	1.68	0.2	2.5

表8–3（续）

地点、时间	小乳瓜		序号	株高	最大叶长	叶宽	茎粗	叶柄长
马江 2015年2月5日	试验温室		1	68	18	17	1.0	18
			2	73	20	15	0.9	17
			平均	70.5	19	16.25	0.95	17.5
	对照温室		1	61	17.8	15.4	0.8	14.0
			2	52.5	18.1	15.0	0.9	16.3
			平均	56.75	17.95	15.2	0.85	15.15
	试验较对照			13.75	1.05	1.05	0.1	2.35
宋家尧 2015年2月5日	试验温室		1	92	14	12.5	0.9	15
			2	147	13	16.5	0.8	17
			平均	119.5	13.5	14.5	0.85	16
	对照温室		1	115	14.5	15	0.8	17
			2	89	11	12.4	0.8	7
			平均	102	12.75	13.7	0.8	12
	试验较对照			17.5	0.75	0.8	0.05	4
试验较对照				15.63	0.9	0.93	0.075	3.18
平均				10.49	1.43	1.31	0.14	2.84

由表8-3可以看出，使用植物生长灯和动植物增温灯后，试验温室黄瓜较对照温室黄瓜，株高平均增加10.49cm，最大叶长增加1.43cm，最大叶宽增加1.31cm，茎粗平均增加0.14cm，叶柄长平均增加2.84cm，叶色变浓绿。

3.增温补光灯对小乳瓜产量的影响

表8–4　667m^{2}日光温室小乳瓜产量比较表

地点	项目	平均单瓜重 /g	单株结瓜 /个	株数 /个	理论产量 /kg	实际产量 （按0.9/kg缩值）	外观品质
宋家尧	试验温室	68.2	55	2730	10241.3	9217.2	瓜条顺直，无冻害
	对照温室	65.2	49	2730	8723.7	7851.3	有轻微冻害
	较对照	2.9	6	—	1517.6	1365.9	—

由8-4可以看出，使用植物生长灯和动植物增温灯后，试验温室小乳瓜每667m^{2}产量9217.2kg，较对照增产1365.9kg，增加17.4%。

4.增温补光灯应用效益分析

据试验，每667m²增产小乳瓜1365.9kg，增加产值5460元；每座温室（占地667m²）安装32W植物生长灯30盏、250W动植物增温灯25盏，一次性投资3000元，按5年折旧每年新增投资600元。每667m²新增纯收入4860元，经济效益显著。

三、小结与建议

试验结果表明，使用植物生长灯和动植物增温灯，日光温室内15cm地温提高1.5℃，作物生长点气温提高1.85℃，每667m²新增纯收入4860元，低温高湿病害发病轻，对抵御低温、寡照天气效果明显，推广前景广阔。在冬春季蔬菜育苗上应用增温补光灯，能显著提高成活率，本试验在蔬菜育苗点全部使用该技术，没有对照，未进行数据测量和分析。建议与日光温室自动控制系统连接，通过自动化控制系统进一步提高其应用效果。

参考文献

[1] 李建明.陕西蔬菜[M].北京：中国科学技术出版社，2020.

[2] 余剑，张伟兵.设施蔬菜[M].西安：三秦出版社，2014.

[3] 郭延虎，张伟兵.设施蔬菜实用栽培技术[M].西安：陕西科学技术出版社，2013.

[4] 宋志伟，翟国亮.蔬菜水肥一体化实用技术[M].北京：化学工业出版社，2021.

[5] 隋好林，王淑芬.设施蔬菜栽培水肥一体化技术[M].北京：金盾出版社，2018.

[6] 霍国琴，王周平.特种蔬菜[M].陕西：三秦出版社，2014.

[7] 赵清，赵中华.农作物病虫害统防统治[M].北京：中国农业出版社出版，2019.

[8] 徐盛生，东莎莎.水肥一体化技术在设施蔬菜中的应用及推广[J].河南农业，2022
（11）：27-28.

[9] 陈永利，景炜明，王刚.宝鸡市设施蔬菜水肥一体化技术应用探讨[J].安徽农学通
报，2020（26）：50-51.